JN248715

感覚重視型技術の最前線
－心地良さと意外性を生み出す技術－

Frontier of Sensation-oriented Technology
－Creation of Comfort and Amusement－

監修：秋山庸子
Supervisor：Yoko Akiyama

シーエムシー出版

はじめに

　近年のデジタル社会では，大量の電子情報を遠隔で送受信することが可能になった，このことにより，物や人の実感が湧かないまま互いに繋がり合い，自由に情報をやり取りすることができる世の中になってきている。それに対して，人間の感覚すなわち視覚，聴覚，触覚，味覚，嗅覚等は，究極のアナログ情報であるといえる。感覚受容器が受け取るこれらの刺激のアナログ情報は脳内で処理されるが，ほとんどの情報はアウトプットされることなしに各個人の脳内にとどめられ，その中のごく一部が感覚的な言葉で表現されるのみである。しかし，人間はこれらの感覚なしには生きているという実感を伴った生活を営むことはできない。逆に考えれば，もしも何らかの事情により電子情報が一切やり取りできなくなったとしても，五感を頼りに心身共に豊かな生活を送ることができるであろう。これは，人が生活していくうえで感覚がいかに重要であるかということを示している。

　本書は，このようなアナログ情報である感覚の重要性を再認識することから出発し，工学的観点からこれを捉えようとするものである。今回は感覚の中でも特に触覚に重点を置いている。この理由は3つ挙げられる。まず，人の感覚の中で最も定義や数値化が困難な感覚であるため。次に，現在の情報通信技術においては視聴覚情報のやり取りが先行しており，それに続くものとして触覚情報のやり取りが期待されているため。最後に，人は日常の生活環境の中で，室内の温度，明るさ，音，食事，香りには配慮していても，手ざわりに気を配ることはあまりない。しかしこの触覚にこだわりを持つことで，より生活を豊かにすることができると考えられ，現在幅広い業界で注目されている分野であるためである。特に現代のストレス社会，超高齢社会では，五感のすべてに対して日常的に心地よい刺激を与えることが，快適な生活を送るうえで重要であると考えられる。デジタル情報とアナログ情報の混在した環境で心地よく，さらには楽しく生活するためにはどのような要素技術が必要かということに焦点を当て，"心地よさと意外性を生み出す技術"という副題とした。

　第Ⅰ編ではまず人間の持つ五感のメカニズムと，その中での各感覚の位置づけ，および快・不快との関係について取り上げた。第Ⅱ編では，オノマトペや形容詞などの言葉で表される感覚の定量化の手法，さらには人の感覚をセンサーとして高度な計測を行う試みについて取り上げた。第Ⅲ編では，感覚を人工的に作る，あるいは他の感覚で特定の感覚を代替する取り組みについて取り上げた。最後に第Ⅳ編では，様々な分野における，感覚に着目した材料や生活環境の設計について取り上げた。対象となる感覚や製品が多岐にわたり，それぞれの分野における感覚の評価や計測の方法が異なるため，ここではできる限り幅広い分野を網羅できるようにした。

　本書のテーマである感覚重視型技術，すなわち感覚を計測・制御する技術は，例えば物理学のように汎用的な基礎理論や法則がまだ存在しない。すなわち，ある基礎的な理論や法則を見いだ

して，それをさまざま感覚や対象に応用できるようなればよいのであるが，現状ではそこまで至っていない。そのため総論となる第Ⅰ～Ⅲ編に対して，各論である第Ⅳ編に多くのページを割く形となっている。その分，実例が多く，具体的なヒントが多く得られる書籍となったが，本書を礎として，あらゆる感覚や対象を網羅する基本的な概念を作り上げたいと考えている。

また今回の構成は，大阪大学大学院工学研究科環境・エネルギー工学専攻博士前期課程の「福祉工学」の講義での学生のディスカッションを通じた感覚重視型技術の系統化が土台になっており，そこから触覚に焦点を当てた構成に練り直したものある。引き続きこのような議論を学生と継続することで，感覚とそれに関わる技術の系統化を進めていきたいと思っている。

最後に，本書の発行にあたりご多忙の中ご協力くださいました執筆者の先生方と，このような新しい概念の書籍を出版する貴重な機会をくださいましたシーエムシー出版の皆様に心より感謝申し上げます。

2018 年 3 月

大阪大学

秋山庸子

執筆者一覧（執筆順）

秋 山 庸 子 　大阪大学　大学院工学研究科　環境・エネルギー工学専攻　准教授

岩 村 吉 晃 　東邦大学　名誉教授

坂 本 真 樹 　電気通信大学　大学院情報理工学研究科　人工知能先端研究センター
　　　　　　　教授

渡 邊 淳 司 　日本電信電話㈱　コミュニケーション科学基礎研究所　人間情報研究部
　　　　　　　主任研究員（特別研究員）

早 川 智 彦 　東京大学　大学院情報理工学系研究科　システム情報学専攻　助教

望 山 　 洋 　筑波大学　大学院システム情報系　准教授

藤 本 英 雄 　名古屋工業大学　大学院　名誉教授

岩 木 　 直 　(国研)産業技術総合研究所　自動車ヒューマンファクター研究センター
　　　　　　　副研究センター長；筑波大学　大学院人間総合科学研究科
　　　　　　　感性認知脳科学専攻　教授（連携大学院）

原 田 暢 善 　フリッカーヘルスマネジメント㈱　代表取締役

山 口 明 彦 　東北大学　情報科学研究科　助教

近 井 　 学 　(国研)産業技術総合研究所　人間情報研究部門

井 野 秀 一 　(国研)産業技術総合研究所　人間情報研究部門

石 丸 園 子 　東洋紡㈱　コーポレートコミュニケーション部　IRグループ
　　　　　　　マネジャー

金 井 博 幸 　信州大学　繊維学部　先進繊維・感性工学科　准教授

早　瀬　　　基　花王㈱　開発研究第1セクター　スキンケア研究所　上席主任研究員

松　江　由香子　クラシエホームプロダクツ㈱　ビューティケア研究所　第二研究部
　　　　　　　　主任研究員

西　村　崇　宏　国立特別支援教育総合研究所　発達障害教育推進センター　研究員

土　井　幸　輝　国立特別支援教育総合研究所　研究企画部　主任研究員

藤　本　浩　志　早稲田大学　人間科学学術院　教授

長谷川　晶　一　東京工業大学　科学技術創成研究院　未来産業技術研究所　准教授

三　武　裕　玄　東京工業大学　科学技術創成研究院　未来産業技術研究所　助教

井　上　真　理　神戸大学　大学院人間発達環境学研究科　教授

仲　村　匡　司　京都大学　大学院農学研究科　森林科学専攻　准教授

木　村　裕　和　信州大学　学術研究院　繊維学系　教授

岡　本　美　南　TOTO㈱　総合研究所　商品研究部

白　井　みどり　大阪市立大学　大学院看護学研究科　教授

瓜　﨑　美　幸　淀川キリスト教病院　認知症看護認定看護師

山　本　貴　則　(地独)大阪産業技術研究所　製品信頼性研究部　研究室長

山　田　憲　嗣　大阪大学　大学院医学系研究科　バイオデザイン学共同研究講座
　　　　　　　　特任教授

武　田　真　季　大阪大学　大学院医学系研究科　外科学講座　心臓血管外科

大　野　ゆう子　大阪大学　大学院医学系研究科　保健学専攻　教授

目　　次

【第Ⅰ編　感覚のメカニズム】

第1章　感覚の分類と触覚　　岩村吉晃

第2章　五感と快不快　　坂本真樹，渡邊淳司

【第Ⅱ編　感覚をはかる・感覚ではかる～計測技術】

第3章　感覚のオノマトペと官能評価　　　早川智彦，渡邊淳司，坂本真樹

第4章　快・不快をはかる—触覚の官能評価と物理量の関係—　　　秋山庸子

第5章　触覚ではかる　　　望山　洋，藤本英雄

第10章　健康と快適を目指した衣服における感性設計・評価　金井博幸

第11章　感性を考慮したスキンケア化粧品設計　早瀬　基

第12章　ヘアケア製品における感性設計—シャンプーのなめらかな 洗いごこちを生み出す技術—　江由香子

第13章　ユーザの特性に合わせた操作しやすいタッチパネル情報端末 の GUI 設計　西村崇宏，土井幸輝，藤本浩志

第14章　柔らかいロボットの開発　　長谷川晶一, 三武裕玄

第15章　自動車における感性設計　　井上真理

第 20 章　褥瘡予防寝具に求められる性能
― シープスキン寝具の検討例 ―　　　　　木村裕和, 山本貴則

第 21 章　看工融合領域におけるロボットによる心地良さへの試み
　　　　　山田憲嗣, 武田真季, 大野ゆう子

第Ⅰ編
感覚のメカニズム

第1章 感覚の分類と触覚

岩村吉晃*

1 はじめに

　手元にある人体生理学の教科書には，体性感覚以外の感覚すなわち，視覚，聴覚，味覚，嗅覚，平衡感覚を特殊感覚というと書かれていて，特殊感覚にはその感覚に特殊化した受容器を備えた感覚器があると説明されている。しかし体性感覚にも特殊化した受容器があるからこの説明はおかしい。

　体性感覚にも特殊化した受容器があるが，受容器の存在部位すなわち感覚器が限局せず，全身に分布していることから特殊感覚には入れず区別しているとも思われる。また「特殊」に対する語は「一般」であるから，体性感覚は一般感覚なのかというといまはそうはいわない。しかし体性感覚に関連して，一般感覚という語も確かに使われた。ここでは，触覚研究の歴史をたどり，これらの用語が使われるようになった経緯を述べて，体性感覚とはなにかを考える。

2 触覚，特殊感覚，一般感覚，体性感覚

2.1 アリストテレスの五感と触覚

　アリストテレス（Aristoteles）の時代にすでに，視覚，聴覚，味覚，嗅覚につぐ第五番目の感覚は皮膚にあるとされた[1]。視，聴，味，嗅の4つの感覚は特殊に発達した器官によって営まれる事がわかっていたが，「触覚には，熱いもの冷たいもの固形のもの，流動するものなど，多くの相互関係が含まれていて種類が多く，触覚をおこす刺激がなんであるか，またこれを受容する仕組みがなんであるか」が明確ではないので，皮膚あるいは肉という等質な構造を介して経験する感覚という意味でまとまったもの」と考えられていたようである。

2.2 Weber の触覚と一般感覚

　近代触覚研究の祖といわれたウエーバー（E. H. Weber, 1795-1878）は，Der Tastsinn und das Gemeingefuhl を著し，触覚と一般感覚とを区別した。彼はこの著書のなかで当時の一般感覚について詳しく記している[1]。

　彼によれば一般感覚は，外界の他の対象についての感覚でなく，身体組織でおこる自分自身についてのさまざまな感覚であり，そのなかでもっとも重要なのは痛みであった。筋や関節などの

Yoshiaki Iwamura　東邦大学　名誉教授

深部組織におこる名状し難い不快感や痛みがよい例である。痛みは刺激が強いと圧，熱，冷はもちろん，五感のどれからでもおこりうると考えられたのが，gemein（common）という言葉の由来のように思われる。

　一方ウエーバーは，触覚（Tastsinn）を皮膚の受容器の働きのみによるものと定義し，一般感覚と区別した。重さの識別，圧の識別，温度の識別，被刺激場所の定位などの能力を触覚に帰し，2点識別閾（空間分解能 spatial resolution）や，体部位局在能力の測定を行ない，背，腕などに比べ，指先や口唇，舌先で空間分解能が高いことを見出した。さらに皮膚に加えられた圧（重さ）の識別の研究で，やっと識別できる最小の重さの増加あるいは減少（dW）は，もとの重さ（W）に比例するという，有名なウエーバーの法則を見出した（dW／W＝一定）。

2.3　感覚点の研究に始まる皮膚受容器同定の試み

　19世紀末，フォンフライ（M. Von Frey 1852-1932）その他の研究者により，皮膚感覚は，刺激を単純化して調べると，触圧覚，温覚，冷覚，痛覚の要素的感覚からなるとされた。たそれぞれの感覚について，周囲より感覚感受性のとくに高い部位（感覚点）がある。感覚点の直下あるいは近傍の真皮，皮下組織に存在する受容器の分布密度の違いを反映していると考えられた。

　同時代の組織解剖学的な研究により，皮膚表在性受容器には発見者の名前から，マイスナー小体，メルケル盤，パチニ小体，ルフィニ終末，自由神経終末，毛包受容器，ピンカス小体などがあるとされ，これら受容器と主観的触覚体験との対応関係を決める試みがなされた。

2.4　体性感覚

　体性感覚（Somesthesis, Somatic sensation）とは身体の感覚である。しかしこの語が生理学の教科書に定着したのは比較的新しい。皮膚感覚に深部感覚を加えてそう呼ぶようになった一方で，内臓感覚を区別した。その背景に，深部感覚や内臓感覚の受容器の研究が進んだことがある。触覚，温度覚は皮膚感覚であるが，痛覚は皮膚だけでなく深部感覚にもある。

3　体性感覚の生理学

3.1　触圧覚の受容器

　触圧覚の受容器には，マイスナー小体，メルケル盤，パチニ小体，ルフィニ終末，自由神経終末，毛包受容器，ピンカス小体などがある。これらは形態学的に同定され，電子顕微鏡レベルでの解析も進んだ。後述するようにのちに動物あるいはヒトの神経応答記録によって分類された受容ユニットとの対応がついた。後述するように，生理学的な分類は各受容ユニットの順応特性によって行われる。

3.2　温度受容器と痛覚受容器

　温度受容器は組織局所の温度とその変化をとらえる。温，冷受容器がありともに自由神経終末である。それぞれ最適温度が異なり，温受容器は 皮膚温約 32℃以上，45℃以下で興奮し，冷受容器は 30℃以下 10℃以上で興奮する。皮膚温約 32℃付近では外界温を感じない。この付近の温度を不感温度という。

　冷，温受容器が興奮しない 10℃以下の低温，あるいは 45℃以上の高温では痛覚が起こる。これはそれぞれの温度では痛覚受容器が興奮するためである。熱いものに触れたとき，かえって冷たく感じることがある。これを矛盾冷覚という。実際，冷受容器のなかに，45℃以上の温度で興奮するものがある。痛覚には自由神経終末が関与する。

3.3　皮膚の無毛部と有毛部

　皮膚は構造と機能の両面から，無毛部と有毛部に分けられ，受容器の種類，分布様式が異なる。無毛部は手掌，足底，口唇であり，有毛部はその他の体部分である。前者は触対象の識別，認識，手指による道具使用などに使用される部分であり，受容器の整然とした配列，高い分布密度などに特徴がある。後者では体毛に関係して複雑な神経支配があるところに特徴がある。

3.4　深部感覚

　深部感覚は筋，関節など深部組織に起こる感覚である。筋覚，関節覚，痛覚などに分類されている。

3.5　深部受容器

　深部組織にある受容器には 1) 筋紡錘，腱器官，2) 靱帯や関節嚢などにあるルフィニ終末，ゴルジ終末，パチニ小体などの機械受容器，3) 自由神経終末などがある。

　筋紡錘，腱器官は筋あるいは腱が伸張されると興奮する。筋紡錘は筋の伸展の度合いを伝え筋張力調節に役立ち，また関節の位置の感覚や動きの感覚に貢献する。筋紡錘は振動刺激によく応答する。

　筋の血管の周囲や関節嚢には数多くの無髄の自由神経終末がある。これらの線維は約半数が交感神経で，残りは痛みに関係する。関節の無髄線維のなかには，正常では機械刺激にはなんら応答しないのに，関節が炎症を起こすと痛覚線維となるものが多く存在する。

3.6　自己受容感覚，固有感覚

　深部感覚とほぼ同義の言葉に自己受容感覚あるいは固有感覚がある。自己受容感覚とは自分の起こす身体の動きによって刺激される受容器による感覚という意味である。実際には，自己の動きで刺激されるのは深部受容器に限らず，皮膚受容器も関与する。

3.7　運動感覚

　運動感覚とは，①四肢の動きの感覚（狭義の運動感覚），②関節位置の感覚，③重さの感覚，④筋の努力感などをいう。これには，深部感覚受容器だけでなく，一部は皮膚受容器も関与している。四肢を動かしたり，手で物をもったりするときには，皮膚や深部の異なった複数の受容器が同時に刺激され，これらの複合的な情報が脳で処理されて運動感覚が生じると考えられる。手にもった物の重さの感覚や努力感は，中枢からの運動指令の量と，筋受容器からのインパルスのかねあいで決まる。

3.8　単一神経活動電位記録による皮膚受容器の同定

　1920 年代にはじまった電気生理学の進歩により，末梢神経から活動電位を記録することが可能となり，感覚の生理学的研究が飛躍した。とくに単一神経活動電位を記録し，適当刺激を厳密に決定することにより受容器の同定と分類が，また伝導速度と太さの測定による神経の分類が進んだ。はじめは，カエルなど冷血動物で，やがて温血哺乳動物で，そしてヒトで研究が行なわれた。

3.9　体性感覚を伝える末梢神経の種類と伝導速度

　体性感覚受容器の興奮を伝える末梢神経は，後根神経節に細胞体のある偽単極型神経細胞の軸索である。有髄と無髄とがある。前者では太い神経ほど伝導速度が速い。動物で測定した触覚，振動覚，深部覚の各受容器からの神経は太い有髄線維（Aα，Aβ，直径 $10 \sim 20\,\mu$m，伝導速度 $60 \sim 120\,$m/sec）であり，温度覚，痛覚受容器からの神経は細い有髄線維（Aδ，直径 $5\,\mu$m 以下，伝導速度 $30\,$m/sec 以下，または無髄線維（C 直径 $1.5\,\mu$m 以下，伝導速度 $2\,$m/sec 以下）である。表面電極をもちいて測定したヒトの正中神経では，A 線維の伝導速度は $40 \sim 70\,$m/sec である。これは他の温血動物で測定した値より遅い。年齢により異なり，測定時，神経周囲組織の温度の影響を受ける。

3.10　Microneurogram により同定されたヒトの触覚受容器

　1960 年代に Vallbo と Hagburth[2] がヒト前腕の皮膚を通じて神経束に微少電極を刺入し，単一神経活動を記録する手法（microneurogram）を開発し，この手法により，1970，80 年代にヒトの手掌面（無毛部皮膚）触刺激に応答する神経活動が詳しく調べられた。

　ヒトの手掌面（無毛部皮膚）には約 17,000 個の機械受容ユニット（単一神経活動，すなわちその先に一個あるいは複数個の受容器を持つ一本の神経線維を想定）があるとされている[3]。これらはすべて太い有髄線維（Aβ）である。

　同じ刺激が持続していると，受容器からの神経応答が減ってくる。これを順応という。皮膚の触圧覚受容器は刺激に対する神経応答の順応の速さにより，①速い（FA：fast adapting），②遅い（SA：slowly adapting），の 2 型に分類され，受容野の大きさによりそれぞれに I 型，II 型が

あるので，ヒト無毛部皮膚の機械受容ユニット は（FA I，FA II，SA I，SA II）の 4 種類に
分類されている。

　矩形波状に持続する皮膚の変形刺激に対する応答の順応（なれ）の様子から，これらの受容ユ
ニットの約半数（44 ％）は遅順応型（SA 型），残り（56 ％）は速順応型（RA 型）である。SA
型，RA 型のそれぞれを I 型と II 型に分ける。I 型（SA I，RA I）は，受容野がごく小さく，
その境界が比較的鮮明であるのに対し，II 型（SA II，RA II）は受容野が広く，境界不鮮明であ
る。II 型ユニットの受容野が大きく境界が不鮮明なのは，これらの受容器が皮下の深い所に存在
するためである。

　RA I，SA I，RA II，SA II の各ユニットの応答ならびに受容野特性は，動物で調べられた対
応する受容ユニットの性質とよく一致し，形態学的に同定された 4 つの受容器すなわちマイス
ナー小体，メルケル細胞，パチニ小体，ルフィニ終末が対応した。受容器の分布密度は手掌から
指先に向かって高くなる。

　マイスナー小体（RA I）は接触した物体のエッジの鋭さ，点字のようなわずかな盛り上がり
などの検出に優れている。メルケル細胞（SA I）は垂直方向の変形によく応答し，皮膚に接触
した物体の材質や形を検出するのに適している。パチニ小体（RA II）の受容野は大きく，手の
どこに加わった刺激にも応答するほど感度がよい。その興奮は振動感覚を起こす。ルフィニ終末
（SA II）は受容野の境界があまり明快でなく，四肢の長軸に沿って細長く，局所的な圧迫に応じ
るほか局所的あるいは遠方からの皮膚の引っ張りに応答する。

3. 11　原始感覚と識別感覚：Head の 2 元説

　20 世紀初頭，英国の神経科医，神経生理学者，Head（Sir Henry Head, 1861-1940）により，
1908 年に提出された 2 元説は，当時皮膚感覚の理解におおいに貢献した[1]。Head は自らの前腕
で皮膚神経を切断し，皮膚感覚の回復が 2 段階に起こることを観察した。すなわち回復の過程
で，まず強い圧迫，温度感覚，痛覚などが感じられるようになった。Head は先に回復したこれ
らの感覚を原始感覚（protopathic）と呼んだ。遅れて触刺激の強度や質の弁別，空間識別能力
（2 点識別閾），軽い触，圧および温度感覚が回復してきた。これらのより洗練された感覚を彼は
識別感覚（epicritic）と呼んだ。また皮膚感覚のほかに深部感覚の存在を仮定した。それは皮膚
神経の切断後に完全なまま保たれていたからであった。Head の実験結果は神経の再生速度の違
いにもとづくものと考えられるが，追試する研究者は当然ながら少なく，回復が 2 段階にわたる
かどうかについてはそれほどはっきりしなかった。

3. 12　識別感覚の中枢

　しかしその後，原始感覚と識別感覚の語はひろく用いられるようになり，中枢神経系とくに脊
髄体性感覚伝導路の構成に関して，脊髄視床路系が原始性，後索 — 内側毛体系が識別性として
理解されるようになった。またこの考えの発展として，系統発生的に脊髄視床路系は古く，後索

系は新しく，後索が高等動物の手の探索，識別能力の獲得と平行して発達してきた系であるという提案がなされた。

　この線に沿ってその後，末梢受容器からの識別的情報が有髄線維により運ばれ，後索を通って忠実に大脳皮質に伝わる系の研究に重点が置かれた。触覚の中枢研究はもっぱらこのシステムについて行われ，触覚の役割として手掌や指に存在する受容器の特性，触った対象を識別する能力，触行動を成立させる運動の制御などに焦点があてられた。そしてこれらの活動の場として大脳皮質中心後回にある体性感覚中枢が詳しく調べられた[1]。

　しかし最近，無髄線維のなかで，温度覚，痛覚ではなく，しかも識別感覚でもない触覚についての研究が進展しつつある。以下にこれを詳しく述べよう。

4　無髄（C）線維の生理学：快楽的（hedonic）触覚

4.1　無髄（C）線維の活動電位記録

　脊髄後根を構成する神経線維を調べると無髄の線維は有髄の線維の 3 ～ 4 倍あるといわれている[4]。技術的に困難であった無髄線維の単一神経活動記録が，ヒトでも可能となり[5]，温あるいは冷覚や痛覚を伝える線維が同定され，その後，痒みの線維も見つかった[6]。C 線維といえば侵害刺激あるいは温度刺激に応じるもののみと考えられていたが，なかには低閾値機械刺激に応答するものがあることがヒトや動物で報告された[5,7~10]。

4.2　ヒトの触覚にかかわる無髄線維活動の記録と同定

　その後低閾値（触覚）無髄線維がヒトの有毛部皮膚にも存在することが明らかになった。まずJohansson ら[11]は顔面皮膚下眼窩神経領域（頬と口角，口腔内粘膜）の単一神経活動記録の論文のなかでその存在を示唆した。すなわち，伝導速度が 1 m/sec のユニットがあることを記載した。Nordin[12]は，上眼窩神経領域（上額部）で，触刺激に応答する無髄線維ユニットの性質を詳しく記載した。

　さらに Vallbo ら[13]はヒト前腕皮膚の触覚無髄線維の性質をより詳細に調べた。それによると，このタイプの神経は活動電位が小さく，伝導速度が遅く，刺激閾値が低く（2.5 mN 以下），皮膚の圧迫開始に 0.2 秒ほどの遅れで反応し，強い皮膚圧迫に対して反応が増加せず，侵害性の C 線維の反応とは明らかに異なった。またゆっくりと動く皮膚刺激によく応答した。これらの性質を示した神経の伝導速度は 1.2 m/sec 以下（平均 0.9 m/sec）と C 線維の伝導速度の範囲にあった。さらに，刺激を繰り返すと次第に反応が減る「疲労」，あるいは持続的圧迫に対し数秒内に起こる「慣れ」や，逆に 10 ～ 30 秒の長い持続的な圧迫を加えていると再び反応性が高まってくる現象などが見られた。

4.3　ヒトの触覚にかかわる無髄線維興奮の最適刺激

　その後の研究により，触覚にかかわる無髄線維を興奮させるための最適刺激が，皮膚をゆっくり撫でることであることが再確認された。神経の発射頻度は，皮膚を撫でる刺激の速さが1〜10 m/sec で最大で，これより速くても遅くても反応が減少した。その速さは，撫でられる被検者にとって主観的にもっとも快適であることが分かった[14,15]。有髄線維に支配される触覚受容器は刺激の速さが増すにつれ頻度が増加するからこれらとは明らかに異なる性質であった。もう一つの特徴は皮膚温の影響で，ゆっくり動く刺激は皮膚温が通常（32度）であるとき最も効果的で，温度が高くても低くても効果が減少した[16]。有髄の触覚受容線維はこれとは違い，温度の影響は受けなかった。

4.4　有毛部の低閾値無髄線維の役割：有髄線維を失った患者での観察

　通常，皮膚の刺激により低閾値無髄線維だけを興奮させることは不可能である。有髄線維も興奮するからである。これを可能にしたのは，極めてまれな症例，有髄線維を失った患者との出会いであった。急性多発性神経根炎により後根神経節の細胞体が破壊された患者2例での詳しい観察記録がある。その一人，患者 GL は 31 歳のとき，急性多発性神経根炎にかかりほとんど全身の太い求心性有髄神経を喪失した。

　患者 GL は，口内および舌の感覚，口から下の顔面触覚，頸部以下ほぼ全身の触覚，振動覚，固有（運動）感覚などが消失したが，全身の温度，痛み，かゆみは感じた。くすぐったさは感じなかった。さらに調べると，有毛部皮膚では触覚がまったく消失というわけではなかった[17]。また，柔らかいブラシでなでられると快感が得られたが，なでる方向や場所は分からなかった。無毛部皮膚すなわち手掌ではこれらの感覚はなかった。

4.5　触覚を伝える低閾値無髄線維は島皮質に投射し，体性感覚野には投射しない

　最近の研究によれば，有毛部皮膚にあり，有髄線維より数の多い無髄線維活動の重要性が無視できなくなってきている[18〜21]。Olausson ら[22]は，有髄線維の消失した患者，GL について，機能的脳イメージングを駆使した研究を行い，この低閾値無髄線維が投射するのは体性感覚野SⅠ，SⅡではなく，島 Insula であるとした。第2例目の患者 IW についてもこれを確認し，さらにこれらの患者についてこの低閾値無髄線維の興奮は体性感覚野の活動をむしろ抑制することを見出した。これらの結果からこの低閾値無髄線維の伝えるのは触認知ではなく，母子間，異性間などの接触に伴う快適な経験すなわち快楽的（hedonic）触覚であると結論した。

4.6　GL では島皮質が厚くなり，体性感覚野が薄くなっている

　Ceko ら[23]は，60 歳になった患者 GL の脳を MRI で測定，対照例にくらべ大脳皮質の厚さが広範囲に薄いこと，逆に右島前部は厚いことを見出した。また右島前部と左右島後部との結合，さらに島と視覚野との結合が増加していることを見出した。患者 GL は 31 歳の時に有髄線維を

喪失したから，これらの変化は患者 GL が 30 年間，もっぱら低閾値無髄線維による触覚，温度感覚，視覚を，生活環境内を移動する時など日常生活で多用せざるを得なかったことと関係があると推定した。

4.7　快楽的触覚を処理する脳部位は島

　Morrison ら[24]は，この低閾値無髄線維の興奮は島後部を賦活することから，抱擁の際感じる情動の基礎となる可能性があると考え，他人の腕が，適切な速さで撫でられるのを記録したビデオを被検者に見せたところ，視覚刺激だけで島後部の活動が高まった。またこの活動はこのような社会的（Social）な接触に特異的であることが分かった。

　Gordon ら[25]は，22 人の健康人で実験を行い，島から快楽的触覚情報を受けとり処理するのは，右の後上側頭溝，内側前頭前野，帯状回背前部などを含む回路網であり，また左の島と扁桃体の同時賦活であると結論した。これらの領域はいわゆる社会脳の一部，社会的知覚，認識にかかわる脳部位であり，触覚を伝える低閾値無髄線維の機能的意義を示唆する結果であった。

5　おわりに

　触覚研究の歴史と，体性感覚系の概略を述べた。触覚の生理学的研究は長い間，無毛部皮膚の識別的感覚に関するものが主であったが，有毛部皮膚に存在する低閾値無髄神経に関する最近の研究は，皮膚感覚のもうひとつの重要な側面：皮膚感覚と情動の関係を解明する重要な糸口となるかもしれない。

文　　献

1)　岩村吉晃，タッチ，山鳥重他（編）：神経心理学コレクション，p.10 医学書院（2001）

2)　Vallbo AB, Hagburth KE. Activity from skin mechanoreceptors recorded percutaneously in awake human subjects. *Experimental Neurology.* **21**：270-289（1968）

3)　Johansson RS, Vallbo AB. Tactile sensibility in the human hand: relative and absolute densities of four types of mechanoreceptive units in glabrous skin. *J Physiology* (London). **286**：282-300（1979）

4)　Douglas WW, Ritchie JM. Mammalian nonmyelinated nerve fibers. *Physiological Reviews.* **42**：297-334（1962）

5)　Torebjdrk HE, Hallin RG. Identification of afferent C units in intact human. *Brain Research.* **67**：387-403（1974）

6)　Schmelz M, Schmidt R. Specific C-receptors for itch in human skin. *J Neuroscience.* **17**：

8003-8008（1997）

7) Zotterman Y. Touch, pain and tickling: an electrophysiological investigation on cutaneous sensory nerves. *J Physiology*（London）. **95**：1-28（1939）

8) Bessou P, Perl ER. Response of cutaneous sensory units with unmyelinated fibers to noxious stimuli. *J Neurophysiology*. **32**：1025-1043（1969）

9) Bessou P, Burgess PR, Perl ER, *et al*. Dynamic properties of mechanoreceptors with unmyelinated（C）fibers. *J Neurophysiology*. **34**：116-131（1971）

10) Kumazawa T, Perl ER. Primate cutaneous sensory units with unmyelinated © afferent fibers. *J Neurophysiology*. **40**：1325-1338（1977）

11) Johansson RS, Trulsson M, Olsson KA, *et al*. Mechanoreceptor activity from human face and oral mucosa. *Experimental Brain Research*. **72**：204-208（1988）

12) Nordin M. Low threshold mechanoreceptive and nociceptive units with unmyelinated（C）fibres in the human supraorbital nerve. *J Physiology*（London）. **426**：229-240（1990）

13) Vallbo O, Olausson H, Wessberg J. Unmyelinated afferents constitute a second system coding tactile stimuli of the human hairy skin. *J Neurophysiology*. **81**：2753-2763（1999）

14) Loken LS, Wessberg J, Morrison I *et al*. Coding of pleasant touch by unmyelinated afferents in humans. *Nature Neuroscience*. **12**：547-548（2009）

15) Essick GK, McGlone F, Dancer C *et al*. Quantitative assessment of pleasant touch. *Neuroscience and Biobehavioral Reviews*. **34**：192-203（2010）

16) Ackerley R, Wasling HB, Liljencranz J *et al*. Human C-tactile afferents are tuned to the temperature of a skin-stroking caress. *J Neuroscience*. **34**：2879-2883（2014）

17) Cole J, Bushnell C, McGlone F, *et al*. Unmyelinated tactile afferents underpin detection of low-force monofilaments. *Muscle & Nerve* **34**：105-107（2006）

18) Zimmerman A, Bai L, Ginty DD. The gentle touch receptors of mammalian skin. *Science* **346**：950-954（2014）

19) Roudaut Y, Lonigro A, Coste B *et al*. Touch sense. Functional organization and molecular determinants of mechanosensitive receptors. *Channels*. **6**：234-245（2012）

20) Abraira VE, Ginty DD. The sensory neurons of touch. *Neuron*. **79**：618-639（2013）

21) McGrone F, Wessberg J, Olausson H. Discriminative and affective touch: sensing and feeling. *Neuron*. **82**：737-755（2014）

22) Olausson HW, Cole J, Vallbo A, *et al*: Unmyelinated tactile afferents have opposite effects on insular and somatosensory cortical processing. *Neuroscience Letters*. **436**：128-132（2008）

23) Ceko M, Seminowicz DA, Bushnell MC, et al. Anatomical and functional enhancements of the insula after loss of somatosensory fibers. *Cerebral Cortex*. **23**：2017-2024（2013）

24) Morrison I, Bjornsdotter M, Olausson H. Vicarious responses to social touch in posterior insular cortex are tuned to pleasant caressing speeds. *J Neuroscience*. **31**：9554-9562.（2011）

25) Gordon I, Voos AC, Bennett RH, et al. Brain mechanisms for processing affective touch. *Human Brain Mapping*. **34**：914-922（2013）

第2章　五感と快不快

坂本真樹[*1]，渡邊淳司[*2]

1　感覚を表すオノマトペ

　これまでの五感の定量化に関する研究では，多くの言語に共通して存在する形容詞が主に用いられ，「硬い ― 軟らかい」「冷たい ― 温かい」など対立する形容詞対を使用した複数の評価項目を設定し，対象の感覚的な印象を5段階ないし7段階で評定するSD法（Semantic Differential method）[1)]が多く行われてきた。しかし，日本語には，「さくさくして美味しい」，「さらさらして手触りがいい」など，感覚を直感的に表す際にオノマトペが頻繁に用いられる。特に，触覚に関するオノマトペは種類が多く，例えば触素材40種の触り心地を表現するオノマトペの種類と形容詞の種類を比較したところ，被験者30名が表現したオノマトペは279種類であったのに対し，形容詞は124種類と約半分であった。各被験者が40素材に使用した語数の平均も，オノマトペが21.7語であったのに対し，形容詞は15.6語と，有意にオノマトペが多かった[2)]。この結果は，形容詞よりもオノマトペを用いた方が素材ごとの触感の違いを多様に表現できるという可能性を示している。例えば，「冷たい」という形容詞一語で表される素材に対しても，「しとしと」，「ぴちゃぴちゃ」，「ひんやり」といった複数のオノマトペが用いられていた。

　欧米系言語には触覚や視覚的な感覚を表すオノマトペという語彙カテゴリがないため，欧米を中心とした研究においてオノマトペを用いた手法は検討されてこなかったが，日本語をはじめ，アジア・アフリカ系言語にはオノマトペのような言語が豊富であるため，われわれ日本人がオノマトペで感覚にアプローチすることは，感覚メカニズムに関する新たな発見を行えるチャンスがあると言える。

　オノマトペでは，それを構成する音韻に，何らかの抽象的な意味が結びつくという現象が従来から報告されてきた。一般的に言語のもつ音と言語によって表される意味の関係は必然的なものではなく，任意的・慣習的，あるいは恣意的なものである。しかし，言語表現の中には，音韻や形態と意味の間に何らかの関係性が見られる場合があり，このような現象を音象徴性（Sound symbolism）と言う。音象徴性については，無意味語である "mal" と "mil" にそれぞれ同一の「机」という意味を与え，被験者にどちらが大きい机であると感じるかを選択させる実験で，母

＊1　Maki Sakamoto　電気通信大学　大学院情報理工学研究科　人工知能先端
　　　研究センター　教授

＊2　Junji Watanabe　日本電信電話㈱　コミュニケーション科学基礎研究所　人間情報研究部
　　　主任研究員（特別研究員）

音 /a/ を含む "mal" のほうが大きいと感じるという結果が報告されている[3]。また，ブーバ・キキ効果（Bouba/Kiki effect）として有名な，言語のもつ音と図形の視覚的な印象の間に発生する連想が言語的背景によらず一定であるとする実験結果も報告されている[4]。音象徴性には，言語・文化を超えて一定の普遍性を持つものがあることがわかっている。とりわけ日本語オノマトペは，音象徴性が体系的であり，特定の音や音の組み合わせが語中の箇所によって特有の音象徴的意味を持ち，語の基本的な音象徴的意味は，その語の構成音から予測できるとされる[5]。例えば，/a/ は平らさや広がりといった平面的な意味を，/i/ は一直線に延びるような線的な意味を喚起するとしているが，ブーバ・キキ効果において Bouba が平面的に丸みを帯びた図形と結びつき，Kiki が尖った図形と結びつくという現象と共通している。本章では，オノマトペの音と形態に，触覚や味覚を通して得られる感覚イメージや快不快といった感性が結びつくこと示す実験について紹介する。

2　オノマトペの音に反映される手触りの快不快

　触覚は，環境にある物体の性質を把握する感覚であるだけでなく，感情をつかさどる脳部位へつながる神経線維に物理的に作用し，快・不快といった感性に直接的に影響を及ぼしている。誰かに触れられたり，触れることで，対象の性質を「知る」ことができるし，触れられた側と触れた側の両方に，強い感情を生み出すとされる[6]。「すべすべして気持ちいい」とか「べたべたして気持ち悪い」というように，とりわけ触覚はオノマトペで表されることが多い。世界的に見ても，アフリカの言語やインドネシアの言語などでも，手触りを表すオノマトペが非常に多いことと，触覚が感性に直結した感覚とされることは関係が深いと思われる。

　筆者らは，これまで，被験者に様々な素材に触れてもらって，手触りをオノマトペで回答してもらう実験を繰り返し行ってきた。以下で紹介するのは，オノマトペを回答してもらうとともに，手触りの快不快の評価をしてもらうことで，手触りの快不快がオノマトペに表れるかどうか調べた実験である[7]。

　手触りの快不快に着目した実験を行うために，快適な手触りの素材と不快な手触りの素材をできるだけ半分ずつ集める必要があった。また，直接手でなぞってもらう必要があるため，実験素材は，指先との接触で磨耗しない素材である必要もあった。そもそも一定の品質で，数をそろえるためには，販売されている素材を購入することになるが，世の中に売られている素材には，不快なものは少ないため，倫理的に問題ない程度の不快な素材で，触れても危険のないものを集める必要がある。集めた素材は，布，紙，金属，樹脂等 50 素材を選定した。集めた 50 素材に対する快と不快の回答がおよそ半数になることを予備実験によって確かめた。それぞれの素材は，7 cm × 7 cm の試片に切断して使用した。被験者が触素材に触れる際は，図 1 のように，素材が見えないように 8 cm × 10 cm の穴のあいた箱の前に座り，それに手を入れて素材に触れてもらった。素材の触れ方は，素材を掴んだり強く押したりせずに，素材の表面を軽くなぞっても

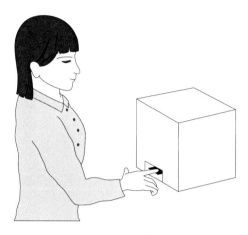

図1　実験の様子

らった。

　実験は50素材の触感をオノマトペで表すセッションと，50素材に快・不快の感性評価を行うセッションの二つのセッションに分け，オノマトペで表すセッション終了後に快・不快の評価を行うセッションを行った。これは，はじめのセッションで50素材の触感全てを体験した後に，快・不快の判断を行うことで，個人内での快・不快の評価範囲が適切に設定されると考えたためである。各セッションでは，実験者が素材箱に素材を一つ入れ，被験者の回答の後，別の素材に入れ替えた。オノマトペで表すセッションでは，素材を指で触りながら，その素材の触感を表すオノマトペを思いつく限り回答してもらった。回答時間は30秒間で，オノマトペが思いつかない場合は「回答なし」とした。快・不快評価のセッションでは7段階の評価（非常に快：＋3，快：＋2，やや快：＋1，どちらともいえない：0，不快も同じく－1から－3までの3段階）を30秒以内にしてもらった。

　実験により，1500通り（50素材×30人）のオノマトペと快・不快評価値の組み合わせが得られた。興味深いことに，最初に回答されたオノマトペのうち84.5％（1268通り）は，2モーラ音が繰り返される形式（「さらさら」等）であった。対象や動作に繰り返しがあると，それを表すオノマトペも繰り返し型になる，という田守育啓・スコウラップ（1999）[8] の指摘通りの結果となった。

　快・不快評価のセッションで得られた評価値全ての平均は0.378で，実験全体を通じて，やや快が多く回答されたものの，快・不快どちらかに大きく偏るものではなかったことから，快不快が半数になるように集めた苦労が功を奏した。

　快・不快の評価とオノマトペの音の関係について，繰り返し型オノマトペ1268語を対象に分析を行った。特に，感覚イメージと関連が強いとされる最初の音に注目して，各音を使用して表された素材の評価値が，1268語の評価値の平均（0.375）と統計的に差があるか分析した。

　母音 /u/ は，どの子音でも有意に快の判断と結びついた（/h/：「ふわふわ」等，/s/：「すべ

すべ」等，/p/：「ぷるぷる」等，/t/：「つるつる」等）。逆に，/i/ と /e/ は，どの子音でも不快
と結びついた。/i/ は子音 /t/（「ちくちく」等）と，/e/ は子音 /p/（「ぺちゃぺちゃ」等），/n/
（「ねばねば」等），/b/（「べたべた」等）と主に組み合わせて使用された。子音 /h/, /s/, /m/
は母音によらず快と結びつき，逆に，子音 /z/, /g/, /n/, /sy/, /j/, /b/ は母音によらず不
快と結びついた。また，母音 /a/ と /o/，子音 /p/ と /t/ は組み合わされる子音または，母音に
よって評価値が変化し，音韻素としての触感覚の快・不快との結びつきは弱いと考えられた。

3　食べたり飲んだりした時の感覚もオノマトペの音に反映される

　同じものを食べたり飲んだりしても，人によって感じ方が違う。美味しいと思う人もいれば，
美味しくないと思う人もいる。そのような感じ方の違いが，その食べ物や飲み物について表現す
るオノマトペにも表れるのだろうか。

　味の官能評価では，被験者に，実験者が用意したいくつかの味覚サンプルを口に含んでもら
い，実験者があらかじめ定めた質問形式に沿って被験者に回答してもらうという手法が一般的で
ある。味覚における官能評価の利点として挙げられることは，より人間の感覚に合致したデータ
が得られることにある。これは「味」というものが主観的な指標によって決められていることが
強く影響しており，客観的な評価を取り扱う機械の測定では人間の感性に合致する主観的かつ感
覚的なデータが失われてしまう可能性があると考えられるためである。しかし，官能評価の難点
として明確な統一基準が無く，評価が評価者の好みや価値基準，体調や環境の影響に左右され
る。

　このような官能評価の手法としては，手触りの場合と同様に，SD 法が一般的に用いられる。
しかし，どのような形容詞尺度を用いるかが難しい上に，実験者側であらかじめ決めた尺度に被
験者の評価が縛られたり，被験者に尺度ごとでの分析的な評価が求められるといった難しさがあ
る。

　そこで，筆者らは，食べたり飲んだりした時の感覚を直感的に表現するオノマトペに着目した
研究も行っている。海外では，オノマトペのような音象徴語と味の関係性に着目した多くの実験
がオックスフォード大学の Charles Spence 教授らを中心に行われている。例えば，Gallace *et al.*
(2011) は，"maluma/takete" と "bouba/kiki" という音韻を，被験者が実際の食材の味と結び
付けられるかを調べている[9]。Crisinel (2012) は，"Ruki" と "Lula" という 2 つの無意味語の
対では，"Ruki" はしょっぱいイメージと結びつき，"Lula" は甘いイメージと結びつくことを
報告している[10]。このように，音象徴語と味覚には何らかの関係があるようである。そこで，味
を直観的に表す際にオノマトペを自発的に用いることができる日本人の特徴を活かし，オノマト
ペを構成する音に着目した精緻な味の官能評価実験を行った[11]。

　筆者らは，美味しさやテクスチャーを制御しやすい飲料を選び，美味しい飲み物と美味しくな
い飲み物を人為的に作成し，被験者に試飲してもらい，オノマトペで回答してもらう実験を実施

した。苦労したのは実験刺激の準備であった。市販飲料は美味しい飲み物であることを想定し，これに何らかの調味料を入れることで美味しくない飲み物を作ることにした。また，人は，味そのものだけではなく，口触りや喉ごしといった触覚的な特徴，つまりテクスチャーもオノマトペで表現すると考えられる。そのため，市販飲料に同じ量だけ水か炭酸水を混ぜることでテクスチャーだけを変化させ，その違いがオノマトペの音に反映されるのかも調べることにした。

市販飲料は食品衛生法に基づく飲料の分類の中から異なるカテゴリに属するものとして，コーラ，コーヒー，牛乳，緑茶，野菜ジュース，スポーツドリンクの6種類を用いることにした。これらが美味しい飲み物とすると，これらを美味しくない飲み物に変化させるために，酢・醤油・塩・レモン汁・タバスコを混ぜて，元の飲料の味がわかり，かつ美味しくない味に変化させられるものを予備実験で選んだ。その結果，醤油を入れると，元の飲料が不快に変化することが確認された。分量は，市販飲料50 mlに対して5 mlの醤油を加えることとした。また，テクスチャーを変化させるため市販飲料と水または炭酸水を1対1の割合で混ぜ合わせることとした。実験刺激は表1の通りである。

実験では，試飲した実験刺激飲料の味や食感を，オノマトペで回答してもらうだけでなく，形

表1　実験で用いた実験刺激飲料と配合比

No.	実験刺激飲料	配合比
1	コーラ	
2	コーヒー	
3	牛乳	
4	緑茶	
5	野菜ジュース	
6	スポーツドリンク	
7	コーラ＋醤油	
8	コーヒー＋醤油	
9	牛乳＋醤油	市販飲料100 mlに対して
10	緑茶＋醤油	醤油10 ml
11	野菜ジュース＋醤油	
12	スポーツドリンク＋醤油	
13	コーラ＋水	
14	コーヒー＋水	
15	牛乳＋水	市販飲料100 mlに対して
16	緑茶＋水	水100 ml
17	野菜ジュース＋水	
18	スポーツドリンク＋水	
19	コーラ＋炭酸水	
20	コーヒー＋炭酸水	
21	牛乳＋炭酸水	市販飲料100 mlに対して
22	緑茶＋炭酸水	炭酸水100 ml
23	野菜ジュース＋炭酸水	
24	スポーツドリンク＋炭酸水	

容詞の評価尺度でも被験者に評価してもらった。形容詞は味を評価するものと食感を評価するものの２種類を用意した。味に関する形容詞としては、「甘い ― 甘くない」「苦い ― 苦くない」「しょっぱい ― しょっぱくない」「酸っぱい ― 酸っぱくない」「まずい ― 美味しい」という評価尺度に対して０から６の７段階で、食感に関する形容詞として「とろみがある ― とろみがない」「はじけ感がある ― はじけ感がない」「滑らかな ― 粗い」「喉ごしが悪い ― 喉ごしが良い」「辛い ― 辛くない」というテクスチャーの評価尺度を形容詞対にして－３から＋３の７段階で評価してもらうことにした。20名の被験者に、各実験刺激飲料を試飲してもらい、試飲した際に想起されるオノマトペと、味・食感に関する評価尺度について回答してもらった。被験者には計24種類の実験刺激飲料を試飲してもらった。

　また、炭酸飲料を実験刺激に用いるため、実験刺激を作り置きすると被験者ごとに炭酸の強さが変わる恐れがあるため、実験で用いる実験刺激飲料は原則として試飲直前に調合することとした。調合した実験刺激飲料は紙コップに30 ml 程度入れて被験者に提供した。被験者には目隠しをした状態でイスに座ってもらい、実験刺激飲料を１つずつ試飲してもらった。実験刺激１つあたりの試飲量は、飲料の味・食感・喉ごしを評価できる程度の量として、大匙１杯程を試飲してもらった。飲料を飲んだ際に想起されたオノマトペを被験者に回答してもらう際には、オノマトペの回答個数に制限はなく、１分以内で思いつく限り回答してもらった。味・食感評価尺度の各項目についての回答では、時間制限は設けなかった。

　オノマトペの第一音節と形容詞対による評価値の関係性について分析を行った。口触りが滑らか、喉ごしが良い、美味しいという３つの評価尺度では、結びつきのある音韻に類似性が見られた。これら３つの評価尺度では子音 /s/・/sy/ はよい評価と結びつき、子音 /g/・/b/・/d/ は良くない評価に結びつきやすい傾向が見られた。音全体を見てみると、清音は快の評価と結びつきやすく、濁音は逆に不快の評価と結びつきすきやすいこともわかった。これらのことから、口触りと喉ごしは美味しさの評価に大きく関わっているということが予測できる。

　はじけ感の評価尺度では、子音 /sy/・/p/・/zy/、母音 /u/ で「はじけ感がある」と関連が見られ、子音 /sy/・/zy/ は母音 /u/ と共に、子音 /p/ は母音 /a/・/i/ と共に用いられることが多かった。はじけ感がある飲料では「シュワシュワ」「パチパチ」「ジュワジュワ」といった泡の食感やはじける様子を表すオノマトペが頻繁に用いられたためだと考えられ、はじけ感と音韻の関係はある程度予測できる結果となった。

　とろみの評価尺度では子音 /n/・/d/・/m/、母音 /e/・/o/ に「とろみがある」との関連が見られ、子音 /s/、母音 /i/ に「とろみがない」との関連が見られた。また、とろみがある飲料では「ドロドロ」「モッタリ」といった粘性を表現するオノマトペが多く用いられたことから、子音 /d/・/m/ と「とろみがある」に結びつきが見られた。一方、とろみのない飲料では「サラサラ」「スルスル」といった液体の流れを表現するオノマトペが多く用いられたことから、子音 /s/ と「とろみがない」に結びつきが見られた。また、とろみの評価尺度と喉ごしの評価尺度を比較したところ、「とろみがある」と結びつきが見られた音韻は「喉ごしが悪い」と結びつきが

表2　第一音節のクラスター分析の結果

Cluster 3	Gustation categories
/s/ /h/ /a/	とろみがない，はじけ感がない，滑らかな，喉ごしがよい，美味しい
/t/ /u/	はじけ感がある
/sy/	甘い，はじけ感がある，滑らかな，喉ごしが良い，美味しい
/p/ /zy/	甘い，辛い，はじけ感がある，滑らかな
/g/ /b/ 子音なし	しょっぱい，辛い，粗い，喉ごしが悪い，まずい
/z/ /i/	苦い，酸っぱい，しょっぱい，辛くない，とろみがない，喉ごしが悪い，まずい
/n/ /e/	苦い，酸っぱい，しょっぱい，辛い，とろみがある，はじけ感がない，粗い，喉ごしが悪い
/d/ /m/ /o/	酸っぱい，しょっぱい，とろみがある，はじけ感がない，粗い，喉ごしが悪い，まずい

見られ，逆に「とろみがない」と結びつきが見られた音韻は「喉ごしが良い」と結びつきがあることがわかった。このことから，とろみの有無が喉ごしに影響を与えていることが推測できる。

　味に関する尺度（甘さ・苦さ・酸っぱさ・しょっぱさ）については，一言で説明できるような傾向が見られなかったが，各音が用いられた時の形容詞評価値のデータを用いてクラスター分析を行ったところ，テクスチャーと味が相互に関係しあいながら美味しさの感覚が形成されていることや，味覚カテゴリの構造が明確に視覚化された。その結果を表2に示す。

　美味しくて，テクスチャー感もよいと感じると，/s/ /h/ /a/ /t/ /u/ /sy/ /p/ /zy/ が使われる傾向があるが，とろみがなくて，はじけ感もなく滑らかであると感じた場合 /s/ /h/ /a/ を，はじけ感が感じられると /t/ /u/ を用いて表現することがわかる。甘くて，はじけ感もあり，滑らかさも感じた場合は /sy/ が，はじけ感がある場合 /p/ /zy/ が用いられていた。一方，美味しくなくて，テクスチャー感もよくないと感じると，/g/ /b/ /z/ /i/ /n/ /e/ /d/ /m/ /o/ あるいは第一音節の語頭に子音は使われない傾向があった。特に，しょっぱさや辛くて粗い感じがすると /g/ /b/，苦み，酸っぱさ，しょっぱさが感じられると /z/ /i/，苦みと酸っぱさとしょっぱさ，とろみも感じると /n/ /e/，酸っぱい，しょっぱい，とろみがある，はじけ感がなくて，粗いと感じると /d/ /m/ /o/ を使って表現していた。

4　オノマトペの音に反映される手触りと味の快不快の共通性

　2.2節と2.3節で紹介した手触りの快・不快の結果と，味の快不快の結果とを比較してまとめると，表3のようにまとめられる。両者には面白いほど共通性が見られることがわかる。

表 3　触覚と味覚の快不快とオノマトペの音韻の関係

	一般的な音象徴	触覚と快不快	味覚と快不快
/u/	小さい穴，突き出し	快	快
/a/	平らさ，広がり	快（子音依存）	快
/i/	線，一直線の伸び	不快	不快
/e/	下品，不適切さ	不快	不快
/h/	柔らかさ	快	快
/s/	滑らかさ	快	快
/m/	はっきりしない状態	快	不快
/t/	表面の張りがない状態	快（母音依存）	中立
/n/	粘り気，不快	不快	不快
/z/	摩擦	不快	不快
/j/	摩擦	不快	不快
/g/	硬い表面との接触	不快	不快
/b/	ぴんと張る状態	不快	不快

5　オノマトペの音から感覚的印象を推定するシステム

　前節までで紹介したように，オノマトペの音韻には，人が感じた感覚の印象が反映されることから，人が直感的に発する一言のオノマトペから，その人が感じた様々な印象を推定するシステムを開発した。例えば，清水ら (2014)[12] は，「明るい ― 暗い」，「湿った ― 乾いた」，「快適 ― 不快」，といった 43 対の評価尺度で，ユーザが入力した任意のオノマトペで表される印象を定量化するシステムを開発した。オノマトペは「子音＋母音＋（撥音・拗音など）」という形態で記述できる。子音の部分から濁音・半濁音及び拗音を分離し，例えば「か・きゃ・が・ぎゃ」はいずれもカ行であるというように，複数の音韻を子音行ごとに集約したカテゴリを「子音カテゴリ」とする。母音やその他の音韻特性についてもカテゴリを定義する。これによりオノマトペを 1 モーラ目・2 モーラ目ごとに「子音＋濁音・半濁音＋拗音＋母音＋小母音＋語尾（撥音・促音など）」といった形式で記述できる。(1)の式により，これら各音韻特性の印象の線形和として，オノマトペ全体の印象予測値が得られる。

$$\hat{Y} = X_1 + X_2 + X_3 + \cdots + X_{13} + Const \tag{1}$$

　ここで，$\hat{Y}$ はある評価尺度の印象予測値，$X_1 \sim X_{13}$ は各音韻特性のカテゴリ数量（各音韻特性が印象に与える影響の大きさ）を表す。$X_1 \sim X_6$ はそれぞれ 1 モーラ目の「子音行の種類」，「濁音・半濁音の有無」，「拗音の有無」，「母音の種類」，「小母音の種類」，「語尾（撥音「ン」・促音「ッ」・長音「ー」）の有無」の数量である。また $X_7 \sim X_{12}$ はそれぞれ 2 モーラ目の「子音行の種類」，「濁音・半濁音の有無」，「拗音の有無」，「小母音の種類」，「母音の種類」，「語尾（撥音・促音・長音・語末の「リ」）の有無」の数量である。X_{13} は「反復の有無」の数量，Const. は定数項を表す。あらかじめ，全ての音韻を網羅する 312 個のオノマトペの印象を被験者に評価

してもらう実験により，オノマトペを構成する各音韻特性がオノマトペの印象に与える影響の大きさを表す「各音韻特性のカテゴリ数量値（評価尺度43対ごとの$X_1 \sim X_{13}$）」を調査しておけば，あらゆるオノマトペの印象評価値を推定することができる。例えば，「かたい — やわらかい」という尺度において「カ行」は -0.82，「ハ行」は $+0.29$ など，これらの各カテゴリ数量の線形和によって，オノマトペの印象を43対の評価尺度上で決定することができる。例えば，「ふわふわ」というオノマトペについて，音韻は，「ふわ」の反復で，1モーラ目は「ハ行」，「ウ」，2モーラ目は「ワ行」「ア」であるため，「(1) かたい — やわらかい (7)」の評価尺度において以下のように印象が予測される。

$$\hat{Y} = X_1(1 \text{モーラ目：子音「ハ行」}) + X_2(1 \text{モーラ目：濁音・半濁音無})$$
$$+ X_3(1 \text{モーラ目：拗音無}) + X_4(1 \text{モーラ目：母音「ウ」}) + X_5(1 \text{モーラ目：小母音無})$$
$$+ X_6(1 \text{モーラ目：語尾無}) + X_7(2 \text{モーラ目：子音「ワ行」}) + X_8(2 \text{モーラ目：濁音・}$$
$$\text{半濁音無}) + X_9(2 \text{モーラ目：拗音無}) + X_{10}(2 \text{モーラ目：母音「ア」})$$
$$+ X_{11}(2 \text{モーラ目：小母音無}) + X_{12}(2 \text{モーラ目：語尾無}) + X_{13}(\text{反復有り})$$
$$+ \text{定数項} = 6.28$$

(2)

本モデルの印象予測値は，7段階SD法印象評価値をもとに算出したカテゴリ尺度で設定されているため，予測値6.28は「かたい — やわらかい」の評価尺度において，「やわらかい」印象が強いということになる。印象予測モデルとカテゴリ数量の精度を評価するために，43対の評価尺度での実測値と予測値の間の重相関係数を算出した結果，評価尺度43対のうち13対で0.9以上となり，残り全ての30対で0.8以上0.9未満となり，被験者の実際の評価を非常によく推定できるモデルであることが示された。つまり，300語程度の限られた数のオノマトペを用いた心理実験から，慣習的なオノマトペのみならず新規に作成された任意のオノマトペの印象まで推定することを可能にした。図2はシステムの出力の具体例である（図では，1 -- 4 --7の数値を，両極尺度であることをわかりやすくするために -1 -- 0 -- 1 に正規化している）。図2は，やわらかい手触りを表す際に用いられる「ふわふわ」の出力結果である。

さらに，図3に例示されるように，人が食べたり飲んだり直感的に発する一言のオノマトペから，その人が感じたことを推定できるシステムも開発している。

手触りを表す時にも，食べたり飲んだりした時の感覚を表す際にも，「ふわふわ」は用いられるが，「ふわふわ」という一言から人が感じたことの共通性を，五感を超えて把握することができそうである。

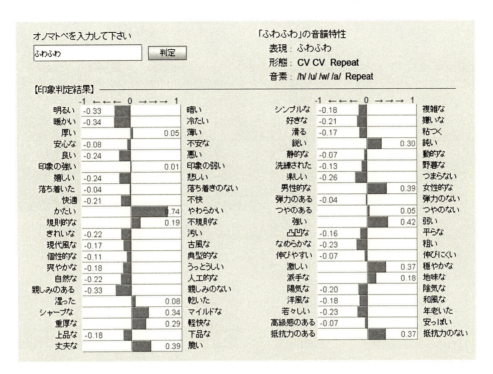

図2　「ふわふわ」の印象の出力結果

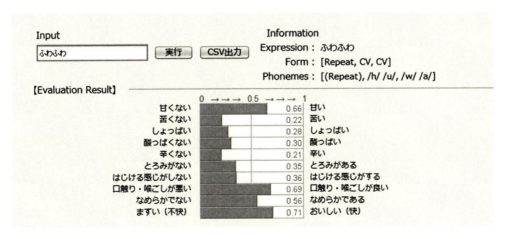

図3　「ふわふわ」の味・食感の出力結果

文　　献

1) Osgood C.E., Suci G. & Tannenbaum P., The measurement of meaning. University of Illinois Press (1957)

2) 坂本真樹，渡邊淳司，手触りの質を表すオノマトペの有効性 — 感性語との比較を通して，日本認知言語学会論文集，**13**，473-485 (2013)

3) Köhler W., Gestalt psychology. Liveright (1929)

4) Ramachandran V.S. & Hubbard E.M., Synaesthesia-a window into perception, thought, and language. *J Consciousness Studies*, **8**, 3-34 (2001)

5) Hamano S., The sound-symbolic system of Japanese. CSLI publications and Kuroshio. (1998)

6) Gallace A. & Spence C., The science of interpersonal touch: An overview, *Neuroscience & Biobehavioral Reviews*, **34 (2)**, 246-259 (2010)

7) 渡邊淳司，加納有梨紗，清水祐一郎，坂本真樹，触感覚の快・不快とその手触りを表象するオノマトペの音韻の関係性，日本バーチャルリアリティ学会論文誌，**16 (3)**，367-370 (2011)

8) 田守育啓，ローレンス・スコウラップ，オノマトペ — 形態と意味 —，くろしお出版 (1999)

9) Gallace A., Boschin E. & Spence C., On the taste of "Bouba" and "Kiki": An exploration of word-food associations in neurologically normal participants. *Cognitive Neuroscience*. **2**, 34-46 (2011)

10) Crisinel A.S., Jones S., Spence C., 'The sweet taste of Maluma': crossmodal associations between tastes and words. *Chemosensory Perception*, **5**, 266-273 (2012)

11) Sakamoto M. & Watanabe J., Cross-modal associations between sounds and drink tastes/textures: a study with spontaneous production of sound-symbolic words, *Chem. Senses*, **4**, 197-203 (2015)

12) 清水祐一郎，土斐崎龍一，坂本真樹，オノマトペごとの微細な印象を推定するシステム，人工知能学会論文誌，**29 (1)**，41-52 (2014)

第II編

感覚をはかる・感覚ではかる
～計測技術～

第3章　感覚のオノマトペと官能評価

早川智彦[*1]，渡邊淳司[*2]，坂本真樹[*3]

1　感覚イメージとその表象

　感覚イメージは人間の各感覚器官への入力に対して複雑かつ多様なかたちで生じ，その感覚イメージを，概念の表象を用いてカテゴリ化することで，効率的に記憶，操作，伝達することを可能にしている[1]。たとえば，視覚であれば，色カテゴリの存在が，ある範囲の波長の光をひとつの色として扱うことを可能にし，聴覚であれば，日本語五十音の音韻カテゴリがあることで，ある範囲の音のばらつきを区別することなく，五十音のうちのどれかの語として扱うことを可能にしている。さらに，その概念表象はラベル付けされることで情報処理が促進される。先ほどの例でいうならば，ある波長の光から別の波長までの光によって生じる一連の感覚イメージを「あお」と呼び，別の波長からまた別の波長のあいだの光によって生じる一連の感覚イメージを「みどり」と呼ぶことで，それらの感覚イメージ間の関係性を明確に扱うことができる。また，ある周波数特性を持つ音によって生じる一連の感覚イメージを「あ」と呼び，別の周波数特性を持つ音によって生じる一連の感覚イメージを「い」と呼び，それらの組み合わせを考えることができる等である。これら感覚イメージのカテゴリは，五感のうち特に視覚や聴覚において，色見本や五十音のように，カテゴリ自体もしくはカテゴリ間の関係性について標準化・体系化が行われてきた。しかしながら，人間の主だった感覚のうち，触覚では，その明確な基準や体系はこれまで示されてはこなかった。そこで，筆者らは，触覚における感覚イメージの関係性を，そのイメージを表象する言葉，具体的にはオノマトペを利用することで，可視化・標準化する試みを行ってきた[2]。本章では，これまで取り組んできた可視化の研究やそれを利用した感性的な応用について紹介する。

2　オノマトペによる触り心地の可視化

これまでも，心理学の分野では，触覚における対象認知の主要因（どのような基準で物体の性

＊1　Tomohiko Hayakawa　東京大学　大学院情報理工学系研究科　システム情報学専攻　助教
＊2　Junji Watanabe　日本電信電話㈱　コミュニケーション科学基礎研究所
　　　　　　　　　　　人間情報研究部　主任研究員（特別研究員）
＊3　Maki Sakamoto　電気通信大学　大学院情報理工学研究科　人工知能先端研究センター
　　　　　　　　　　　教授

質を知覚，カテゴリ化しているか）を特定する研究が行われてきた[3~5]。これらの研究の多くは，触素材という物理刺激を，どのような基準で分類するか，その物理特性の基準を特定するもの，もしくは，分類結果を形容詞対の組み合わせによって説明しようとするものである。これらの手法は，算出された分類基準を素材の物理特性とあわせて議論するには適しているものの，感覚イメージの関係を直接調べようとするものではないため，触対象を触ったときに生じる感性的な側面を議論するのに最適な手法とは言えなかった。そこで，筆者らは，触覚の感性的側面を研究するひとつの手法として，単純な構成でありながら，その中に材質の質感と感性的印象の両方を含む言葉であるオノマトペを利用した新たな触り心地の分類手法を提案した。

本手法では，これまでの先行研究で一対の評価項目として利用されてきたオノマトペ自体を分析対象とし，オノマトペの2次元平面の分布図を作成する。そして，その分布図上で，実際の触対象を配置，操作するものである（ここでは，その分布図上に触対象を配置したものを触相図と呼ぶ）。この分類手法では，素材に関係なく，触対象の感性的側面をオノマトペの2次元平面上の関係性のなかで視覚化し，論じることが可能となる。

3　触覚オノマトペの分布図の作成

触覚のオノマトペは「擬音語・擬態語4500日本語オノマトペ辞典」[6]及び，全てのひらがなの組み合わせ表を作成し，なぞり動作において生じる触感覚を表し，日常的に使用する語という基準で筆者らの主観により選定した。なお，選定にあたっては，音韻論的分析を行うために2モーラの繰り返し型のオノマトペのみを対象とした。モーラとは発音時の拍数のことであり，例えば"ぬるぬる"は2モーラが2回繰り返されたもので，合計4モーラとなる単語である。以下に選定したオノマトペを記す。

> かさかさ，がさがさ，くにゃくにゃ，ぐにゃぐにゃ，くにょくにょ，けばけば，こちこち，ごつごつ，こりこり，ごりごり，ごわごわ，さらさら，ざらざら，じゃりじゃり，しょりしょり，じょりじょり，しわしわ，すべすべ，ちくちく，つぶつぶ，つるつる，とげとげ，とろとろ，にゅるにゅる，ぬめぬめ，ぬるぬる，ねちゃねちゃ，ねちょねちょ，ねばねば，ふかふか，ふさふさ，ぷちぷち，ぷつぷつ，ふにゃふにゃ，ぷにゅぷにゅ，ぷにぷに，ぷるぷる，べたべた，べちゃべちゃ，べとべと，もこもこ，もちもち（42語）

選定したオノマトペに対し，大きさ感，摩擦感，粘性感という触覚の印象に関する主要な3つの評価軸を設定し，それらに対して5段階の主観評価を行った（上記以外の評価軸として冷温感が考えられるが[7]，温度を連想可能な触覚オノマトペが限られていたため本分類手法では使用しなかった）。大きさ感とは，指を動かさずとも感じられる，摩擦感よりも大きなスケールの表面凹凸を表す指標で"ごつごつ"や"ごりごり"が高い値を示した。摩擦感は，テクスチャ表面上の細かい凹凸を表す指標で"ざらざら"や"じょりじょり"が高い値を示した。粘性感とは，触

対象を押したときの粘性の強さを表す指標で "ぐにゃぐにゃ" や "ねばねば" が高い値を示した。実験では被験者に，あらかじめ用意した紙，布，ゴム，樹脂，皮等合計 16 種類の素材に触れてもらい，触感覚を数値に置き換える基準作りの過程を経た後に，オノマトペの主観評価を行った。被験者は 20 代男女 10 名ずつの合計 20 名であった。

　次に，主観評価によって得られた各オノマトペの大きさ感，摩擦感，粘性感の平均値を用いて主成分分析を行った。主成分分析の結果を表 1 に示す。

　第一主成分，第二主成分をそれぞれ x 軸（正負反転）と y 軸に対応させて，オノマトペを分布させたものを図 1 に示す。丸い点がオノマトペの分布位置である。

　図 1 の触覚のオノマトペの二次元分布図は，物理環境の連続的な感覚入力から生じる感覚イメージをオノマトペによって離散的に分節化されたものを再び連続的な二次元空間に再配置したものともいえる。ということは，感覚イメージの連続的な二次元分布図は，連続的な物理特性を持つ触対象を分類するためのプラットフォームとしても機能すると考えられる。二次元分布図上

表 1　主成分分析の結果

	第一主成分	第二主成分
大きさ感	0.90	0.48
摩擦感	0.48	0.51
粘性感	−0.76	−0.19

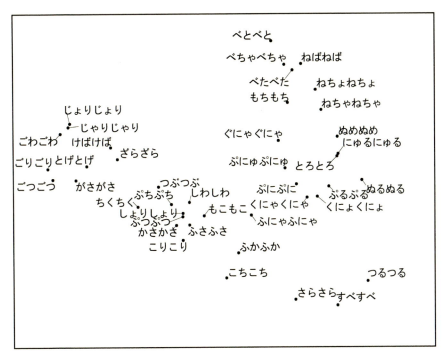

図 1　触り心地のオノマトペの分布図（文献[2]より）

に，その感覚イメージに基づいて触対象を配置することで，逆に，主観的な感覚イメージに基づく触対象の関係性を可視化することが可能である。また，オノマトペは第2章1節で述べられているような音象徴性を持ち，初めて聞いた単語でも，およそどのような感覚イメージを表すのか，同じ日本語の使用者同士であれば共有することが可能であるため，一般の人でも直感的に感覚イメージと触対象を関係付けることができると考えられる。

4　オノマトペ分布図と想起される素材・質感

　実験により，近い感覚イメージを持つと評価されたオノマトペが，空間的に近接して分布しているが，この実験結果は，日常，私たちが使用している感覚とも近いように感じられる。そして，オノマトペが空間的に配置されたことで，感覚イメージがどのようにカテゴリ化されているか，その分類軸について考えることができる。図1の中心を原点としたとき，第二象限（左上）に「じゃりじゃり」や「じょりじょり」といった粗い感覚イメージを表象する語が集まり，第四象限（右下）に「つるつる」や「すべすべ」といった滑らかな感覚イメージを表象する語が位置している。また，「こちこち」や「こりこり」といった硬い感覚イメージを表象する語が第三象限（左下）に集まるのに対して，「ぐにゃぐにゃ」や「ねちょねちょ」という柔らかい感覚イメージを表象する語が第一象限（右上）に集まっている。さらに，x軸付近，正の部分には「ぬるぬる」や「にゅるにゅる」という湿り気の感覚イメージを表象する語が集まり，x軸付近，負の部分には「がさがさ」や「かさかさ」という乾いた感覚イメージを表象する語が集まっている。分類の仕方にも左右されるが，これら，粗滑，硬軟，乾湿といった感覚イメージが，触覚の感覚イメージにおける根本的な分類基準であることを，分布図から視覚的に読み取ることができる（図2に例示）。

5　オノマトペ分布図の音韻論による分析

　この分布図上では，オノマトペの位置とそのオノマトペを構成する音韻の間に強い関係性を見出すことができる。特に第一子音と第一母音が触感覚イメージと深い関わりがあった。図3にオノマトペの第一子音の分布を示す。岩系・砂系の粗く，硬い，乾いた感覚イメージを表象するオノマトペは第一モーラの子音に "k" "g" "z"（第二象限のオノマトペ）が使用されることが多く，紙などの滑らかで硬い感覚イメージでは "s"（第四象限のオノマトペ），ゴム系の柔らかく湿った感覚イメージには "b" "n" "p"（第一象限のオノマトペ）が使用されることが多い。また，使用したオノマトペのなかで，第一子音が清音か濁音かのみ異なるものは5組ある（"こりこり"・"ごりごり"，"かさかさ"・"がさがさ"，"しょりしょり"・"じょりじょり"，"さらさら"・"ざらざら"，"くにゃくにゃ"・"ぐにゃぐにゃ"）。これらの分布図上の位置関係を考えると，いずれも濁音化することによってx軸方向にマイナス，y軸方向にプラスに移動し，粗さが増す方

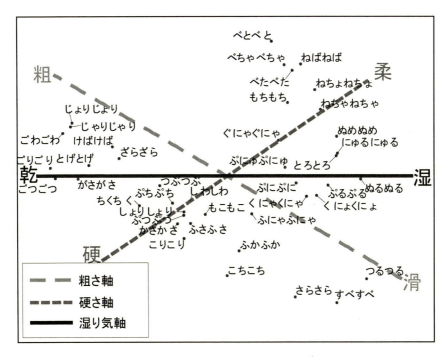

図2　オノマトペの分布図と因子軸（文献[2]より）

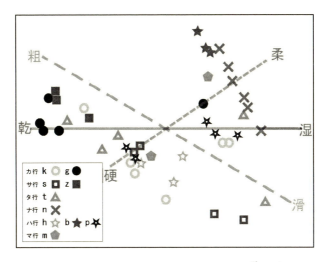

図3　オノマトペの第一子音の分布図（文献[2]より）

向へ変化しており，濁音化と粗さ感の増加には何らかの相関があると考えられる（図2も参照）。

　次に，図4にオノマトペの第一母音の分布を示す。特徴的なものとして，第一母音が"e"の語は1語を除いて第一象限にまとまって分布し，ゴム系で柔らかい触感覚イメージを引き起こす母音である。同様に"u"の語はゴム系，紙系，皮系，布系と広範囲にまたがるが，滑らかとい

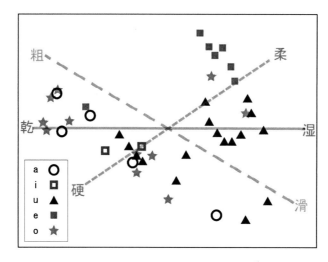

図4　オノマトペの第一母音の分布図（文献[2]より）

う特徴を持つ。"a" と "o" の語は砂系，岩系，布系，樹脂系と広範囲に位置し，硬く乾燥しているという特徴を持つ。"o" は2語ほど離れたゴムの位置にあり（"とろとろ"，"もちもち"），これは第一母音以外の音素が影響しているものと思われる。なお，第一母音が "i" のものは全体の中で2つしか見られなかったが（"ちくちく"，"しわしわ"），この2つのオノマトペも近い位置に分布している。

6　オノマトペの分布図を利用した触相図の作成

　本節では図2のオノマトペの分布図に因子軸を加えた図を利用した触相図の作成方法について，これまで開いてきたワークショップの進行に沿って説明する[8,9]。触相図の作成においては，触対象をオノマトペ分布図上に配置するが，触対象から受ける感性的イメージがどのオノマトペに近いか，もしくは，オノマトペの関係性のどの辺りにあたるかによってその位置が決定される。触対象の配置では，個人ごとに異なる対象もあれば，多くの人に共通の対象があってもよく，多数の触対象の感性的印象が，ひとつの分布図上で視覚化されることが重要であり，触相図の個々人の異なりや共通点を見ることが可能となる。

　2010年に行ったワークショップについて紹介する。参加人数は，1回のワークショップにつき9名程度で，延べ69名が体験した。参加者の内訳は，親子連れが半数程度で，子供は全体の3割から4割程度見られた。ワークショップでは1グループあたり4〜5人とし，それぞれのグループにおいて触相図の作成を行った。具体的に，図2のオノマトペの分布図に対して，図5のように触対象を貼っていく。触対象は下記の10種類とした。

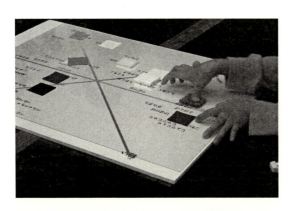

図 5　触り心地のマップを作る様子

図 6　異なるグループで作成された触り心地マップの比較

　ゴムシート，園芸素材，アクリルボード，和紙，合成毛皮，サンドペーパー，発泡シート，光沢紙，合成皮，発泡スチロール

　マップ上で離れた位置のオノマトペを選んだ人がいたときでも，少しずつ調整しながら，その中間となるように素材を配置していった。出来上がったところで，マップの中にある触り心地を空間的に触っていくと，近い位置にある触対象は近い感覚イメージを生じさせ，逆に遠い位置にある触対象はその感覚イメージが異なるものであると考えられる。各グループにおいて作成された触相図は図 6 のようにそれぞれ異なる結果となり，次節で説明する触り心地における感性的な議論を可能とする。

7　触相図の利用法

　本節では，オノマトペ分布図上に触対象を配置した触相図の利用法について述べる。本手法を

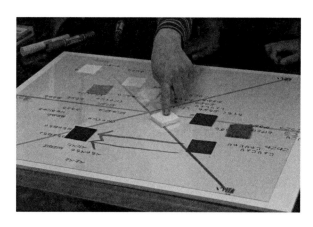

図7　好きな触り心地と嫌いな触り心地の矢印

用いることで，より"さらさら"に等，オノマトペを利用した直感的な，触対象の選定，組み合わせが可能となる。以下，触相図の具体的な利用法を3つ紹介する。

　一つ目として，触相図を利用した触り心地における感性的な議論が可能である。触相図は自身の触り心地を視覚化することであり，特に，主観的な触感覚について認識を深めるワークショップでの利用が考えられ，実際に前節で触相図を作成したワークショップにおいて，触相図に使用した触対象10個の中から，好きな触り心地と嫌いな触り心地をそれぞれ1つずつ選んでもらった。そして，図7のように，一人ずつ嫌いな触対象から好きな触対象へ向けた矢印をマップ上に記入し，それらの傾向を参加者同士比較した。その矢印の方向と，マップ上の軸の方向との関係性から，自身の好き嫌いの傾向を見ることができた。

　グループ毎の，好き嫌いの矢印の例を図8(a)〜(e)に示す。図中の線1本は個人の好き嫌いを表し，矢印の先端が好きな素材を向き，末端は嫌いな素材を向いている。このように，マップ上で各人の好き嫌いを矢印で表すことで，個人の特性を分析的に説明することができる。図8(f)は10種類の触対象に対する参加者全員の好き嫌いの平均を表したもので，丸が好きな触対象，四角が嫌いな触対象を表し，記号の大きさが好き嫌いの度合いを表している。ゴムシートと人工毛皮を好きとする参加者が多く，サンドペーパーと園芸素材を嫌いとする方が多く見られた。図8(g)は全員分の矢印を重ねあわせた図であるが，湿り気軸の湿っている方向と粗さ軸の滑らかな方向を向いている矢印が多く見られる。これは図8(f)の好き嫌いの素材位置平均分布とも一致する。硬さ軸に沿った好き嫌いの矢印はあまり見られなかった。このように，マップ上での操作は，好き嫌いという感性的判断の主要因を体系的に論じることを可能とした。

　二つ目として，「触り心地推奨システム」が考えられる。洋服のデザイン等で触感の組み合わせを選択する場合，多くの材質の質感を実際に手で触って選択することが多い。それに対して，触相図を利用すると，感性的印象にある程度沿った触材料を，直感的に推奨することができる。例えば，その人にとって，より"すべすべ"した触材料を推奨する場合，ある材料の位置から触

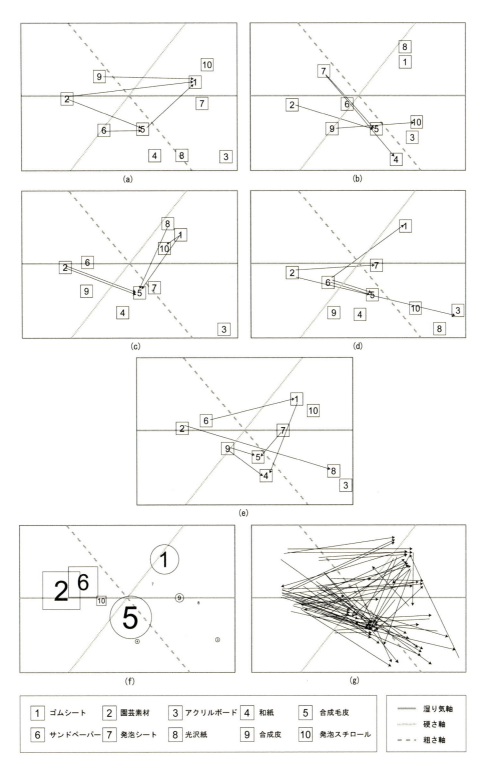

図 8　各ワークショップ回で得られた好き嫌いの矢印分布図とそれらの平均

相図上で"すべすべ"方向に移動させて，他の材料を検索することができる。これまで，布の分類・推奨方法として，風合いに関する検索システムが研究されているが[10~12]，これらは布の評価語を物理特性に置き換えて検索するものであり，複数の評価語間の関係を柔軟に考えることは困難であった。

　最後に，新しい感性語の獲得が考えられる。本研究で使用した触覚のオノマトペは42語であったが，それらはオノマトペ分布図上で均等に分布しているわけではなく，オノマトペが存在しない触り心地の領域も存在する。このとき，3.5節での音韻論的分析結果に基づいて，その名づけられていない触り心地に新たなオノマトペを作成することが可能である。例えば，分布図上で"ざらざら"と"ぐにゃぐにゃ"の間に，"しわしわ"を濁音化した，粗さと柔らかさを併せ持った"じわじわ"というオノマトペが考えられる。このような新たな感性語を作成する試みは触感覚の認識を広げると考えられる。

文　　　献

1)　今井むつみ，ことばと思考，岩波書店（2010）

2)　早川智彦，松井茂，渡邊淳司，オノマトペを利用した触りの心地分類手法，日本バーチャルリアリティ学会論文誌，**15 (3)**，pp.487-490（2010）

3)　M. Hollins, R. Faldowski, S. Rao, F Young: *Perceptual dimensions of tactile surface texture; A multidimensional scaling analysis*, Perception & Psychophysics, **54 (6)**, pp.697-705（1993）

4)　白土寛和，前野隆司：触感呈示・検出のための材質認識機構のモデル化，日本バーチャルリアリティ学会論文誌，**9 (3)**，pp.235-240（2004）.

5)　W.M.B. Tiest, A.M.L. Kappers, *Analysis of haptic perception of materials by multidimensional scaling and physical measurements of roughness and compressibility*, Acta Psychologica, **121 (1)**, pp.1-20（2006）.

6)　小野正弘：擬音語・擬態語4500 日本語オノマトペ辞典；小学館，東京（2007）

7)　H. Ho, L.A. Jones, *Development and evaluation of a thermal display for material identification*, ACM Transactions on Applied Perception, **4 (2)**, 1-24（2007.7）

8)　http://www.ntticc.or.jp/Archive/2010/Kidsprogram2010/index_j.html（2017.12.23 参照）

9)　http://www.junji.org/texture/（2017.12.23 参照）

10)　原田隆司，斎藤実，風合いの検索システム，繊維学会誌，**46 (6)**，pp.259-264（1990）

11)　川端季雄，布風合いの客観評価システム，シミュレーション，**13 (1)**，pp.20-24（1994）

12)　小林茂雄，皮膚感覚─風合いをめぐって，FRAGRANCE JOURNAL，**23 (2)**，pp.11-16（1995）

第4章　快・不快をはかる
― 触覚の官能評価と物理量の関係 ―

秋山庸子*

1　快・不快とは

　快・不快は人の情動を示す心理学用語であり，S.フロイトによって仮定された精神過程の基本原理である快感原則[1]によると，人は基本的には不快を避け，快を求めようとする先天的な傾向がある。この快・不快情動の引き金となるのは，人が持つ様々な感覚受容器に対する外界からの刺激である。では，どのような刺激が与えられれば快であり，あるいは不快なのであろうか。ここでは，感覚受容器の刺激という観点から快・不快を引き起こす物理的条件について検討する。

　まず人の五感のそれぞれについて，快・不快を引き起こす定量的条件を考える。特殊感覚，すなわち視覚，聴覚，味覚，嗅覚においては，快・不快に関する定量的検討が比較的進んでいると言える[2~4]。特に脳科学的な計測技術が進歩しており，各刺激に対する生体応答を明らかにするとともに，どのような刺激が快・不快を惹起するかに関して，例えば視覚であれば色温度，聴覚においては振動周波数や音圧，味覚や嗅覚においては成分濃度や組成との相関等について定量的な研究が行われてきた。一方，体性感覚である触覚の快・不快については，とくに繊維学や建築学の分野で環境の温湿度や衣服内外の熱移動[5]の観点からの快・不快についての検討が進んでいるが，人が対象を触った時の触感，すなわち手触りに関して，どのような定量的基準により決定づけられているのかについては未だ解明されていない部分が多い。おそらく触対象の表面特性に起因する摩擦係数，付着性，粘弾性等の特性に依存していると推測されるが，その統一的理解には及んでいない。これは，触対象が多様であるうえに，触り方も多様であるため，皮膚と触対象との相互作用が複雑であること，特殊感覚に対して微妙な触覚刺激は生体信号として検出しにくいことが原因であると考えられる。

　次に，この快・不快の物理的条件は，個人（内的因子）や外部環境（外的因子）の条件によって変化するものなのであろうか。視覚，聴覚，味覚，嗅覚については，年齢，性別，人種によって快・不快と感じる刺激は大きく異なるうえに，同じ年齢，性別，人種であっても快・不快に大きく関与する嗜好性がかなり異なる傾向があるといえる。例えば，同年代の日本人女性であっても好きな音楽，絵画，食品などは様々であり，嫌いなものについても然りである。これは個人の嗜好性に大きく影響を受けることを示している。さらに，これは季節，場面などの外的因子によっても変化することが予想される。一方で触覚について考えると，個人，環境条件，触対象に

＊　Yoko Akiyama　大阪大学　大学院工学研究科　環境・エネルギー工学専攻　准教授

関わらず，例えば「ふんわり」「さらさら」なものは快を引き起こし，「ごわごわ」「ぱさぱさ」したものは不快を引き起こす。また塗布して用いるものの触感では「しっとり」「なめらか」なものが好まれ，「べたべた」「ぬるぬる」したものは好まれないことは明らかである。これは上記の他の4つの感覚に対して比較的普遍的なものと言えそうである[6]。このように，他の感覚に対して，触感を表す形容詞やオノマトペの多くは快あるいは不快のいずれかに明確に分類することができる。このことは，触覚を制御することで，ユニバーサルな快適性を作り出すことができる可能性を示唆している。

　本研究で対象とする触感の快・不快については，心理学・言語学的な評価は行われているものの，快・不快の物理的因子の解明や生理学的反応に関する科学的検討はあまり行われていない。この理由として，まず物理的因子については，快・不快を引き起こす触対象や官能評価項目が多種多様であり，それぞれの材料や官能評価項目に特化した個別の解釈にとどまっているためと考えられる。また生理学的反応については，触感が刺激の小さい反応である上に能動的な動きなしには引き起こされない感覚も存在するため，生体信号の変化として捉え難いためであると考えられる。上記の課題を克服し，多くの人が共通認識を持つ触感の快・不快の物理的条件を見出すことで，快・不快情動を惹起する高次な触感設計が行えるのではないかと考えることができる。

　そこで，快と不快が相反するものであるという仮定のもとに，快-不快を縦軸とし，特定の物理量または複数の物理量を組み合わせた関数を横軸として考えると，大別して(a)線形関係を持つ，(b)閾値を持つ，(c)極大値あるいは極小値を持つ，(d)飽和値を持つ，という4つの場合が考えられる[6]。複数の物理的条件の組合せにより快・不快が惹起される場合は，その条件の定式化が必要であるが，触覚刺激についてこのようなプロットを行うことで，触覚の快・不快の物理が明らかになると考えられる。

2　触覚の快・不快の決定因子の検討

　本稿では，どのような物理現象が触覚の快・不快を引き起こすのかに焦点を当てて議論する。ここで手掛かりになるのが，触感を構成する因子である。触対象を判別する際の一般的な因子として粗滑，硬軟，乾湿，温冷[7]などが報告されており，これまでの研究により，触対象が塗布剤の場合は水分蒸散，粘性，摩擦などの因子が抽出されている[8]。これらの因子に対応すると考えられる表面粗さ，摩擦係数，弾性率，粘性率，水分量，比熱などの物理量がどのような条件の場合に快・不快が引き起こされるかを定式化することが，触覚の快・不快の理解につながると考えられる。

　そこで触覚の快・不快に関して，以下の3つの段階で検討を行うことにした。
① 　触覚を表す言葉と触対象の系統化
② 　快・不快と物理量の関係づけ
③ 　快・不快の物理モデル構築と妥当性評価

　限られた使用環境における特定の触対象，例えば衣服の着心地や，化粧品の塗り心地など快・不快の条件は明らかになりつつあるが，幅広い触対象と官能評価項目を網羅した快・不快の物理的要因を明らかにすることによって，触覚の快・不快が俯瞰できると考えている。ここでは上記のうち①，②の検討結果，および③に向けての展望について述べる。

3　触覚を表す言葉と触対象の系統化

3.1　触覚を表す言葉の快・不快への分類

　快・不快の俯瞰的な理解のため，まず触対象にとらわれない形で触感を表す言葉の系統化を行った。触覚に関わる論文等より抽出した固体・液体の触感に関わる官能評価項目（形容詞等45項目，オノマトペ49項目）について，20〜40代男女10名を対象としたアンケート調査により“快”・“不快”・“どちらでもない”の3つに分類した。ここでは触対象を指定せず，広く触感を表す形容詞，オノマトペを関連する論文から抽出した。回答方法は表計算ソフト上でのドラッグ＆ドロップ形式とし，横に“快”・“不快”・“どちらでもない”，縦に“固体”・“液体”・“両方”を配置したマトリックス上に各用語を被験者にマッピングしてもらう形とした。

　表1に触感に関わる官能評価項目のアンケート調査の結果を示す。ここでは，触対象に関わら

表1　アンケート調査による触感の官能評価項目の快・不快の分類

形容詞等

快	どちらでもない	不快
あたたかい	かたい	あぶらっぽい
うるおい	乾いた	違和感
高級感のある	均一な	うわすべりする
コシがある	クリーミーな	きしむ
しっとりした	こくがある	ぱさつき
しなやかな	こってり感	べたつき
すべりのよい	さっぱりした	べとつき
清涼感	ざらついた	ムラのある
ソフトな	シャキッとした	安っぽい
つるんとした	シャリ感	
なじみのよい	とろみのある	
なめらかな	ぬるつきのある	
ハリがある	ねばっこい	
ふんわりした	のびがよい	
みずみずしい	ひんやりした	
リッチな	膜厚な	
	マットな	
	まろやかな	
	密着感	
	やわらかい	

オノマトペ

快	どちらでもない	不快
さらさら	かさかさ	がさがさ
すべすべ	くにゃくにゃ	からから
つるつる	ぐにゃぐにゃ	ぎざぎざ
ふかふか	くにょくにょ	ぎとぎと
ふさふさ	こちこち	けばけば
ぷちぷち	ごつごつ	ごわごわ
ぷるぷる	こりこり	じょりじょり
もちもち	ごりごり	しわしわ
	ざらざら	ちくちく
	しゃりしゃり	とげとげ
	じゃりじゃり	ぬるぬる
	すーすー	ねちゃねちゃ
	するする	ねちょねちょ
	とろとろ	ねとねと
	にゅるにゅる	ぱさぱさ
	ぬめぬめ	ぶつぶつ
	ねばねば	べたべた
	ひやひや	べとべと
	ふにゃふにゃ	
	ぷにゅぷにゅ	
	ぺとぺと	
	へなへな	
	ほかほか	

ず快・不快・どちらでもない，の３つのカテゴリのどれに分類されたかを示している。快・不快に関しては，今回アンケート調査を行った10名すべての被験者に共通して快あるいは不快と判断された項目を挙げ，1名でも見解の異なった項目については"どちらでもない"に分類している。この結果から，形容詞，オノマトペのどちらにおいても，明確に快・不快のいずれかに分類された言葉は，主として物理学的に乾湿，粗滑，粘性に関連していたのに対し，"どちらでもない"に分類された言葉は，主として温冷，硬軟，弾性に関連している傾向が見られた。

　ここで，快と分類された言葉を物理学的な言葉で説明すると，湿り気が多いこと，摩擦が少ないこと，適度な粘弾性があることと解釈することができる。一方で不快と分類された言葉は，粘性が高いこと，表面が粗いこと，乾燥していること，刺激のあることであると解釈することができる。快における"適度な"という解釈については，上記の仮説で示した(c)極大値あるいは極小値を持つ場合に対応すると予想されたため，後述する物理特性との相関において再度検討する。

3.2　触対象の系統化

　ここまでの検討では，触感を示す言葉に関しては触対象を指定せずに議論したが，次の段階として触対象の系統化を行った。日常生活で触対象となりうるさまざまな材料を，その物理的性質によって系統的に分類した。前述の快・不快・どちらでもない，の３分類について，実際には触対象として想定される物体として，固体・液体・どちらでもない，の３分類との二次元マトリックス上に被験者に言葉のマッピングを行ってもらったが，触対象に関しては被験者によりかなりばらつきがあったため，表２では触対象による分類は行わずに示している。これは，触対象を固体・液体よりもさらに細かく分類する必要性を示している。

　そこで表２の通り触対象の分類を行った。触感においては材料の変形が重要であるため，分類の際には連続体の力学的分類[9]を参考にした。連続体力学の分野でも分類はいくつかあるが，ここでは日常的にさわる材料を想定して，触対象と手の物理的相互作用をより明確にする観点から分類した。物体を固体と流体に大きく分けた上で，固体は能動的触知による変形の有無および変

表２　触対象の分類

大分類	小分類	性質	触対象の例		
固体	剛体	力を加えても変形しない	木材	プラスチック	金属
	弾性体	力を加えると変形し，すぐに元の形状に戻る	ゴム	スポンジ	バネ
	塑性体	力を加えると変形し，永久変形する	アルミホイル	紙粘土	ガム
	粘弾性体	力を加えると変形し，ゆっくりと元の形状に戻る	皮革	皮膚	ゼリー
流体	ニュートン流体	ずり速度により粘度が変化しない	水	油	エタノール
	非ニュートン流体	ずり速度により粘度が変化する	マヨネーズ	乳液	練り歯磨き

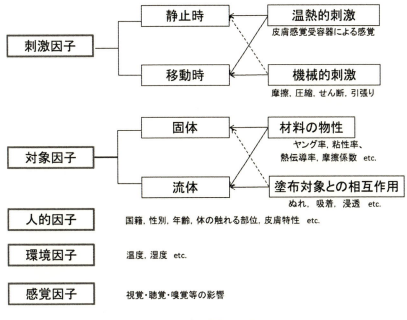

図1　触感に影響する因子

形の可逆性の観点から，剛体，弾性体，粘弾性体，塑性体の4つに分類した。実際には完全な弾性体や塑性体は存在しないが，ここではそれに近いものと定義する。また流体については非粘性流体を除外し，触対象となりうるニュートン流体，非ニュートン流体の2つに分類した。

　また表2に示した様々な触対象を触る際のあらゆる状況を想定し，触感に影響する因子を抽出した結果を図1に示す。表1において，快・不快の"どちらでもない"と分類された言葉が，形容詞，オノマトペのいずれにおいても約45％と半数近くみられたが，これは，図1に示すような触対象，環境の温湿度，被験者の性別，触り方などを特定することより，さらに明確に快・不快に分類される項目が増加すると考えられる。これらの因子，すなわち触の条件を統一することにより，快・不快の物理的因子をさらに詳細に定義づけることができる可能性が示された。この結果をもとに，後述の物理的な解釈の検討においては，触対象と触る条件をできる限り明確にして実験を行った。

4　快・不快と物理量の関係づけ

4.1　触対象による快・不快の官能評価の特徴

　触対象として上記の通り多様な触対象があるが，まずこれまで筆者が官能評価と物理量の関係を検討してきた化粧水[10]を対象とした。化粧水の特徴として，触対象が経時的に流体すなわち化粧水から固体すなわち皮膚に変化することが挙げられ，これは同一条件において2つの触対象に

ついて検討することが可能であることを示す。

　化粧水を使用するのは主に女性であるため，被験者は20代から40代の女性18名とした。化粧水の触感に関連する官能評価項目をアンケート調査および論文調査により抽出し，形容詞32項目，オノマトペ10項目および"快適性""嗜好"の2項目を加えた計44項目についての官能評価を5段階のSD（Semantic Differential）法にて行った。流体と固体の双方の評価を行うため，塗布時，塗布直後，塗布30分後（ほぼ皮膚表面の化粧水が乾燥後）の3回の官能評価を行った。被験者に対しては，実験前に本実験の目的，内容，倫理的配慮について十分な説明を行い，刺激などを感じた場合にはいつでも実験を停止できる旨を伝え，書面による承諾を得た。官能評価は触感以外の影響を排除するため，商品名を伏せたブラインドテストとし，0.1 mlの各サンプルを前腕内側に塗布することによって評価を行った。

　得られた結果に対して相関行列を算出し，無相関の検定を行った。有意な相関が得られた官能評価項目について表3に示す。なお快適性と嗜好は，3つの段階のいずれにおいても相関係数0.95以上の高い相関を示した。

表3　快適性・嗜好と高い相関を持つ官能評価項目
(a)塗布時　(*p < 0.05, **p < 0.01)

	快適性	嗜好
膜厚感	−0.55*	−0.58*
べとつき	−0.45	−0.49*
カバー力	−0.72**	−0.74**
うわすべり	−0.68**	−0.68**
違和感	−0.68**	−0.71**
にじみ	−0.51*	−0.53*
べたつき	−0.50*	−0.54*
ぬるつき	−0.52*	−0.56*
ぎとぎと	−0.64**	−0.67**
ぬめぬめ	−0.46	−0.51*
べたべた	−0.45	−0.49*
ねとねと	−0.62**	−0.67**
ぬるぬる	−0.49*	−0.51*

(b)塗布直後　(*p < 0.05, **p < 0.01)

	快適性	嗜好
なじみのよさ	0.57*	0.65**

(c)塗布30分後　(*p < 0.05, **p < 0.01)

	快適性	嗜好
なめらかさ	0.58*	0.53*
はり	0.47*	0.33
マット感	0.63**	0.59**
なじみのよさ	0.52*	0.43

　明らかに見られた特徴として，(a)の塗布時，すなわち流体を触っている状態において，快適性
あるいは嗜好と有意な相関を示した官能評価項目は，すべて負の相関を示し，また表 1 に示した
「べたつき」，「違和感」，「ぎとぎと」，「ねとねと」，「ぬるぬる」など，不快を表すと分類された
項目と多くが一致した。

　一方で，表 3 の(b)，(c)に示した，塗布直後および塗布 30 分後の相関をみると，快適性あるい
は嗜好と有意な相関を示した官能評価項目は，すべて正の相関を持っていることが分かる。塗布
後時間が経過するにつれて，触対象は流体である化粧水から粘弾性体である皮膚に移行する。こ
のような粘弾性体を対象にした同様の実験では，「なめらかさ」，「はり」，「なじみのよさ」，
「マット感」など，表 1 において快であると分類された官能評価項目と正の相関を持っている特
徴が見られた。

　この特徴から，触対象が流体であるか，固体であるかによって快・不快の感じ方が大きく異な
ることが示された。具体的には，塗布された流体の触感の快適性は，不快因子が取り除かれるこ
とに対応しており，一方で弾性体の触感の快適性に関しては不快因子の寄与が小さく，快因子が
大きく寄与していることが分かった。

4.2　快・不快と物理量の関係

　前述の結果から，快・不快の物理的条件を検討する際には，少なくとも触対象が流体である
か，固体であるかの分類ごとに物理モデルを構築するべきであることが示された。

　そこで次の段階として，快・不快を惹起する物理的条件を明らかにするため，塗布時，塗布直
後，塗布 30 分後のそれぞれについて，化粧水の物理特性（熱重量分析，せん断流動試験，接触
角測定）の計測および，皮膚特性の計測（皮膚表面温度，角層水分量，経皮水分蒸散量，摩擦係
数）を行った結果との相関行列を算出した。その結果を表 4 に示す。ここでは，物理量および皮
膚の生体計測結果のうち，高い相関を示した項目のみを示す。ここで PS 傾き（塗布直後 MIU）
とは，人工皮革上にサンプルを一定量塗布した直後の摩擦係数の変動を周波数解析し，そのパ
ワースペクトルの傾きを算出した値であり，これは摩擦係数（MIU）の変動における低周波数
成分と高周波数成分のそれぞれの比率を反映する数値である。

　塗布時，すなわち流体を皮膚に塗布する際の触感の快適性には，接触角，粘性率および摩擦係

表 4　快適性・嗜好と高い相関を持つ物理特性（$^*p < 0.05$，$^{**}p < 0.01$）

		接触角	粘性率	PS 傾き（塗布直後 MIU）
塗布時	快適性	0.86^*	-0.90^*	-0.74
	嗜好	0.93^{**}	-0.83^*	-0.84^*
塗布直後	快適性	0.53	-0.65	-0.30
	嗜好	0.62	-0.68	-0.47
塗布 30 分後	快適性	0.62	-0.68	-0.47
	嗜好	0.75	-0.66	-0.58

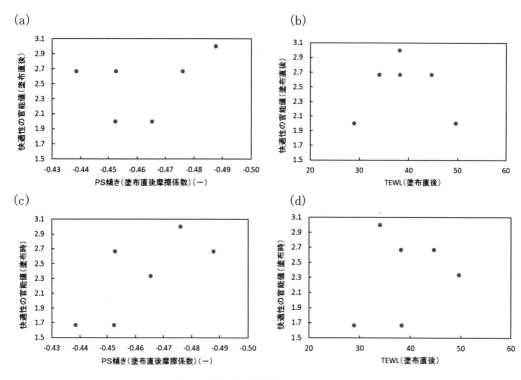

図２　快適性の官能値と物理量の関係
(a)(b)：塗布直後，(c)(d)：塗布時

数変動の周波数解析結果のパワースペクトルの傾きが有意な相関を持つことが分かった。一方で塗布直後，塗布30分後の皮膚の触感の粘弾性体の快適性に関しては，有意な相関を持つ物理的特性が見られなかった。そこで，物理量の各パラメータを横軸に，塗布直後，塗布30分後の快適性あるいは嗜好の官能値を縦軸にとり，今回実験に用いた6つの化粧水サンプルに関して平均値をプロットしたところ，図2(a)(b)に示すように，いくつかの物理量において極大値あるいは極小値を持つ傾向がみられた。その一方で，塗布時に関してはほとんどの物理量に対して図2(c)(d)のように，線形に近い関係，あるいはランダムな変動を示すことが分かった。これらのことから，固体（粘弾性体）の触感の快・不快は，特定の物理量と単純な線形の関係を持つのではなく，物理量がある一定の値で快適性が極大値あるいは極小値を持つ特性を持つことが推測された。これは，ある物理量が大きいほど，あるいは小さいほど快を感じるのではなく，特定の値に近づくと快を感じると解釈できる。

　ここで，表3の結果の解釈に戻ると，流体（ここでは化粧水を指す）に対する快適性は不快因子の除去により惹起され，しかもその不快因子は特定の物理量と線形関係にあるため，最適値があるのではなく，不快因子と対応する物理量をできる限り0に近づけることで，快適性が惹起されると考えられる。一方で固体（粘弾性体，ここでは皮膚を指す）の快適性については，図2(b)

に典型例を示したように，適度な物理特性を持つことが必要条件であり，この場合快適性の極大値とその物理的理由を明らかにすることが重要であるといえる。しかし図2(a)のように快適性を縦軸の正と設定した場合に極小値が存在する場合も見られたため，固体の快適性については，例えば図2(a)の例では特定の表面凹凸のピッチが不快を惹起している可能性も考えられる。これについてはさらなる検討が必要であるが，触覚受容器官の存在する皮膚の粘弾性や表面形状，摩擦特性や水分量などの物理特性と触対象のそれらを比較した際の大小関係が関わっているのではないかと考えている。

　今回の検討により，流体の触感の快適性は不快因子が取り除かれることに対応しており，一方で固体の触感の快適性に関しては不快因子の寄与が小さく，快因子が大きく寄与していることが分かった。また物理的条件として，流体の不快因子は特定の物理量と線形関係にあるのに対し，固体の快因子に関しては，単純な線形関係ではなく極大値を持つ特性を持つ可能性が示唆された。このことから，流体の触感快適性設計のためには不快因子と線形関係を持つ物理量を低下させる方向の材料設計，固体の場合は快適性因子と極大値を持つ関係にある物理量を極大値に近づける方向の材料設計が有効である可能性が示された。

5　快・不快の物理モデル構築と妥当性評価に向けて

　これまで筆者らは，布のちくちく感，毛髪のすべり性，化粧水のしっとり感とさっぱり感など，特定の触感に対して，それぞれ物理モデルの構築を行ってきた。物理モデルの構築とは，触感を引き起こす現象を物理現象としてとらえ，物理量によって官能評価項目を数値あるいは数式として表すことである。例えば布のちくちく感に関しては，皮膚上での繊維の座屈によって引き起こされているものととらえることで，オイラーの式を用いて繊維の座屈が起こる反力を求め，その値と人がちくちく感を感じる反力の閾値との大小関係によってちくちく感が起こるか否かを判定することができた[11]。また毛髪のすべり性に関しては，きしみの官能値と毛髪のくし通しの際の反力の変動を周波数解析した際のパワースペクトルの傾きとの相関により定量化できることが示された[12]。さらに，化粧水に関しては，因子分析を用いて複数の物理量の線形結合としてさっぱり感，しっとり感のそれぞれを表すことで，それぞれの官能評価項目の内部構造を明らかにし，定量化することができた[10]。また他の研究では，特定の触感を対象とした機器計測手法の検討や，物理量との関係づけの研究が国内外で多数行われており，近年本分野は触覚センシング・ディスプレイの分野で目覚ましい進展を遂げている[13~15]。

　しかしその一方で，触感の根源的な問題である快・不快の物理量との関係づけとモデル化，すなわち物理的な解釈は未知の領域である。今回の検討は触対象の一つである化粧水を対象とした基礎的な検討であるが，最初に仮説として考えていた快・不快と物理量の関係のうち，線形関係，および極大値・極小値をもつケースがありうることが分かり，今回の触対象においては，不快は物理量と線形関係を持ち，快は物理量と極大・極小値を持つ関係を持つ可能性が示された。

今後，今回行った触対象の分類や触覚に影響する因子の系統化をもとに，さまざまな触対象や触る場面を俯瞰した快・不快の系統化を行っていく。この場合，いくつかの範疇に分けた物理モデルが必要になるかもしれないが，それぞれについて，触対象および皮膚の変形，それらの間に発生する相互作用をもとに，快・不快の物理的解釈を行う予定である。

謝辞

本稿で紹介した著者の研究の一部は JSPS 科研費 26330309 の助成を受けたものです。

文　　　献

1) ブリタニカ国際大百科事典 小項目辞典（2014）
2) 吉田達哉，王力群，一川誠，外池光雄，岩坂正和，"匂いの快 / 不快に対する fMRI 脳イメージングと官能評価の検討"，日本味と匂学会誌，**17 (3)**, pp.453-456 (2010)
3) 田中慶太，安田誠次郎，栗城眞也，内川義則，"視覚刺激による快-不快情動が体性感覚野に及ぼす影響の検討"，電気学会論文誌 C，**136 (9)**, pp.1298-1304 (2016)
4) 陳曦，高橋勲，沖田善光，平田寿，杉浦敏文，"音刺激に対する心理状態の評価：アルファ波ゆらぎによる快適度評価の検討" 情報通信学会技術研究報告（ME とバイオサイバネティックス）**113 (103)**, pp.11-16 (2013)
5) 原田隆司，土田和義，"衣服の快適性と衣服内気候-衣服内の水分 / 熱移動現象のとらえ方-"，繊維学会誌，**46 (3)** pp.97-101 (1990)
6) 秋山庸子，"触感の物理モデルに基づく材料設計"，オレオサイエンス，15 (1), pp.11-16 (2015)
7) 白土寛和，前野隆司，"触感呈示・検出のための材質認識機構のモデル化（〈特集〉五感情報インタフェース)"，日本バーチャルリアリティ学会論文誌 9 (3), pp.235-240 (2004)
8) 秋山庸子，三島史人，西嶋茂宏，"触感の定量評価に関する基礎的研究"，電気学会論文誌 C，**132 (1)**, pp.166-172 (2012)
9) 早川尚男，連続体力学，平成 17 年 8 月 6 日，pp.6-7, https://ocw.kyoto-u.ac.jp/ja/01-faculty-of-integrated-human-studies-jp/continuum-mechanics/pdf/fluid_01.pdf (2018 年 1 月 16 日閲覧)
10) 秋山庸子，"材料の触感設計のための手法と課題～いかにして触感を測るか？～"，Material Stage, 技術情報協会，**9 (11)**, pp.12-14 (2009)
11) 秋山庸子，西嶋茂宏，"衣服の「ちくちく感」を引き起こす物理現象とは"，日本機械学会誌，**115 (1129)**, pp.22-23 (2012)
12) 秋山庸子，西嶋茂宏，"界面における物質の振る舞いと触感"，表面，**49 (8)**, pp.265-276, (2011)
13) K Minamizawa, Y Kakehi, M Nakatani, S Mihara, S Tachi, "TECHTILE toolkit：a prototyping tool for design and education of haptic media", Proceedings of the 2012

Virtual Reality International Conference, 26（2012）

14)　石井恭介，上田エジウソン，寺内文雄，"触覚を利用した新しい情報提示方法の提案"，日本デザイン学会研究発表大会概要集 **63** (0)，p.249（2016）

15)　高崎正也，佐藤史樹，原正之，山口大介，石野裕二，水野毅，"弾性表面波皮膚感覚ディスプレイによる高周波振動提示の検討"，一般社団法人 日本機械学会　ロボティクス・メカトロニクス講演会講演概要集 2017 (0)，1P1-M04（2017）

第5章　触覚ではかる

望山　洋[*1]，藤本英雄[*2]

1　はじめに：微小面歪の検出

ものづくりの現場において，微小面歪検出という検査作業がある[1~4]。典型例は，プレスによって鋼板を成形する車ボディの面歪の検出である。現状では，ヒトが手で鋼板表面を隈なく触って検査をしている。すなわち，微小面歪を「触覚ではかる」ことが行われている。レーザー変位センサやカメラによる画像処理で検出できそうに思えるが，実際には，検査対象の表面に光沢や汚れがある可能性がある中で，ボディ鋼板の広い曲面を漏れなく走査して，微小面歪を頑健に検出することが困難であることから，これらの手段は触覚の代替とはなっていない。大きな問題は，この触覚検査のスキルを獲得するのに，長い年月を要することである。車のボディの表に出る部分は，すべてヒトの手で歪みがないかチェックされていると言われているが，かなりの労力と時間を費やして，微小面歪の検査が行われている。国内の乗用車販売台数は年約20万台であるが，仮に1台当たりのボディ表面積を$8m^2$とすると，検査対象の総面積は$1.6km^2$であり，東京ドーム34個分に相当する。したがって，より手軽な検出手段があれば，ものづくりにおけるインパクトは絶大である。微小面歪検出問題を解決する手段を見つける，という工学的なテーマに加えて，なぜ熟練者が検出できるようになるのか，というヒューマンサイエンスとしての疑問も興味深い。訓練によって，ヒトの皮膚の内部に埋め込まれている触覚機械受容器（すなわち，生体触覚センサ）の数が増加するわけではない。むしろ加齢により，触覚機械受容器に繋がる有髄線維の数（すなわち，生体触覚センサの配線数）が減少することが報告されている[5]。熟練者はいったい何を学習しているのだろうか？触覚のサイエンスとして，この触覚技の謎の解明も魅力的なテーマである。

　本稿では，工学的にもサイエンスとしても興味深い微小面歪検出の問題にスポットを当て，触覚で行う計測技術について解説する[脚注1]。

脚注1)　本稿は，触感デザインのハンドブックに掲載されている解説 6) に記載した内容を一部含むが，「触覚ではかる」という観点から新たに整理した解説である。

＊1　Hiromi Mochiyama　筑波大学　大学院システム情報系　准教授

＊2　Hideo Fujimoto　名古屋工業大学　大学院　名誉教授

2　触覚コンタクトレンズ

　微小面歪検出の問題の解決のために，著者らのグループは，触覚コンタクトレンズと名付けた
デバイスを開発した[7～10]。このデバイスは，薄い可撓性のシートの上に十分な剛性を有する複数
のピンを配列しただけの機械構造体であるが（図1），このデバイス越しに微小面歪をなぞると，
その触覚が増強されて提示される（図2）。実は，このデバイスが微小面歪の上を通過する際に，
各ピンのレバー動作によって，検査者の皮膚が横方向に大きく引っ張られる仕組みであるが，知
覚としては，縦方向に大きく変化したように感じ，結果として実際よりも大きな面歪があるよう
に錯覚される。このように，皮膚に対する接線方向変位を法線方向の押し込みとして錯覚する現
象として Comb illusion が知られているが[11]，このようなシンプルな機械構造を介在させるだけ
で，視覚でいうところの虫眼鏡のような効果を生み出すことを示したことは，触覚学における画
期的な進歩であった。

　しかしながら，この触覚コンタクトレンズという斬新なデバイスでもってしても，微小面歪問
題の解決の手段とはならなかった。主要な問題の1つは，触覚コンタクトレンズ越しのスキャン
によって，触対象を傷付けるケースがあることである。底面のシートはフレキシブルではある
が，複数のピンを固定するために，それなりに丈夫な材料が用いられなければならない。結果的
に，この"硬い"シートが，触対象を削ることとなる。より"柔らかい"解決手段が求められて
いる。また，触覚技の習得の問題に関しては，触覚コンタクトレンズから語られることはほとん
どない。

3　Morphological Computation という視点

　本章では，ヒトにおける触知覚の本質に立ち返って，触覚センシングのあるべき姿に迫ってい
きたい。ここで着目する概念が，近年ソフトロボティクスにおいて注目されている
Morphological Computation である。

3.1　Morphological Computation とは

　Morphological Computation は，ヒトや動物が知能を発現する上で，その身体が重要な役割を
担っているという考えに基づいて，知的な計算（Computation）に身体の形状（Morph）[脚注2]を
利用するという，ロボティクス・人工知能において考案されたアイデアである[12]。特に，ここ数
年世界中で流行しているソフトロボティクスの分野において，注目を集めている。ソフトロボ

脚注2)　文献[13]には，"By morphology, we do not only refer to the shape, but also sensor and actuator
　　　distributions, and physical properties, such as stiffness, etc." と述べられているが，ここでは最も
　　　重要な情報である形状に焦点を当てている。

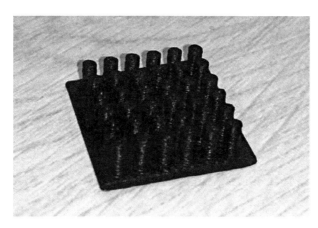

図1　積層型 3D プリンタで製作した触覚コンタクトレンズのレプリカ
30×30×0.5mm の薄い底面の上に，直径2mm, 高さ5mm の円柱形ピンが36本，縦横2mm ピッチで配置されている。オリジナルとサイズは異なるが十分な面歪触覚の増強効果を有する。

図2　触覚コンタクトレンズを使用する様子
触対象と手の皮膚の間に触覚コンタクトレンズを介在させ，手と共に触覚コンタクトレンズ
を動かし，対象面をなぞる。複数ピンの突起側が，手の皮膚に当たるようにして使用する。

ティクスでは，ロボットの主要部に柔軟物を積極的に利用して，従来の硬いロボットではなし得なかった新たな機能を創出することを狙いとしているが，自由度の高い柔軟物を含み，取り扱いの難しいソフトロボットの制御に，Morphological Computation の考え方が活用できるのではとの期待からである。柔軟な身体を有する蛸を模したソフトロボットアームの変形情報をそのまま利用して，その柔軟なロボットアームの制御を行う手法が提案されている[13]。

3.2　Morphological Computation としての触知覚

Morphological Computation の提唱者である Pfeifer と Bongard の有名な本[12]には，この概念

に関するつぎのように記述がある：'By "morphological computation" we mean that certain processes are performed by the body that otherwise would have to be performed by the brain.' ここで現れる certain processes には，制御のみならず，知覚情報処理も含まれると考えれば，ヒトの触知覚情報処理は，Morphological Computation そのものであることに気付くであろう。ヒトが触知覚情報を得る場合，自らの身体を触対象に接触させ，接触した身体の皮膚が触対象表面の形状を映しとって変形し，変形した皮膚内の触覚機械受容器が活動し，触知覚情報が脳にもたらされる。このとき，外界にある触対象の形状は，皮膚に内在する触覚機械受容器のコンフィグレーションによって符号化され得る。よって，このセンサ分布とセンサ発火が相関するようになっていれば，極めてシンプルな計算によって，触知覚の情報処理が実現できることになる。良く知られているように，皮膚内部に多様な多数の触覚機械受容器が存在する[5,14]，さらには，皮膚が，触知覚において，常に触対象との間の力学的相互作用の界面に存在する，という2つの事実から考えても，Morphological Computation の観点から皮膚変形に着目することは，妥当であると考えられる[脚注3]。

　なお，Morphological Computation とハプティクスとの繋がりは，ロボティクスの世界最大級の国際会議である IROS2017[脚注4]のワークショップ[16]で取り扱われるなど，まさにホットトピックであり，皮膚の皺を利用した触覚センサ[17]，Morphological Computation の観点からの触診デバイス[18]，皮膚変形の検出にも利用できる電気トモグラフィー法[19]など，興味深い研究が多数出現している。

3.3　ゴム製人工皮膚層メカトロサンド

　ここでは，著者らが考案した，Morphological Computation に着目した触覚デバイスを紹介する[20]。このデバイスは，ヒトの皮膚（例えば，指先や手の皮膚）の周囲に密着しながら圧迫しない薄いゴム層を形成した上で，その層の内部にメカトロニクス要素を挟み込んで作られるウェアラブルな人工皮膚層である。このデバイスは，触知覚において，皮膚と触対象との間の力学的相互作用の界面にミニマルに介在し，皮膚の変形に関与することで，Morphological Computation を体現している。ここで，"ミニマルな介入" という言葉には，皮膚は覆ってしまうが皮膚変形を邪魔せず Morphological Computation を阻害しない，という意味が込められている。このウェアラブルデバイスに期待することは以下の3点である。

脚注3)　ここで考慮している皮膚変形は，皮膚と微細なテクスチャ[15]との相互作用の結果生ずる振動を含んでいないことに注意されたい。振動検出については，後述する。

脚注4)　IROS は IEEE/RSJ International Conference on Intelligent Robots and Systems の略称。IEEE Robotics and Society の 3 つの Flagship Conferences の 1 つである。

① 人工皮膚層にセンサを埋め込み，触知覚における皮膚変形を電気的に検出すること（センサ）。

② 人工皮膚層にアクチュエータを埋め込み，皮膚変形により触覚情報を提示すること（ディスプレイ）。

③ 人工皮膚層に薄い機械構造物を埋め込み，皮膚変形を変化させ，皮膚の機械的フィルタ特性を改質すること（レンズ）。

いずれの場合でも，このデバイスを用いることにより，触覚学に新しい角度から光を当てることができると期待できる。

このように，中身に埋め込むメカトロ要素によって，触覚デバイスとして様々な"おいしさ"を生み出すことができることから，サンドウィッチに因んで，このデバイスを，ゴム製人工皮膚層メカトロニクスサンドウィッチ，略称でメカトロサンドと呼んでいる[脚注5]。

3.4 典型例としてのひずみゲージサンド

Morphological Computation の導入により，情報処理が簡単になっているならば，"サンドイッチの具材"として，単純なセンサを利用することが正当化される。ひずみゲージは，薄く，小型で，扱いやすく，安価，入手性が良いことから，もっとも広く使われているセンサ素子の一つである。ここでは，メカトロサンドの典型例として，ゴム層にひずみゲージ（大変形用ひずみゲージ）1つを埋め込んだだけの簡易なウェアラブルセンサについて説明する。なお，ツナを挟んだサンドウィッチをツナサンドと呼ぶように，この触覚センサを，ひずみゲージサンドと呼んでいる。

図3は，ひずみゲージサンドを装着した指の写真であり，装着前後の差を示すために，デバイスを装着する前の指とデバイスのみの写真を共に示している。上段は腹側から，下段は横から撮影した写真であり，左列は指，中央列はひずみゲージサンド，右列は指にひずみゲージサンドを装着したときの写真である。この図より，ひずみゲージサンドは十分薄いため，装着前後で，指の形状に大きな差がないことがわかる。また，上段中央の写真から，このケースでは，人工皮膚層の指腹中央部にひずみゲージが埋め込まれていることがわかるが，右下の装着写真から，指腹の形状が滑らかで，ひずみゲージサンドが首尾よく薄いゴム層に埋め込まれていることを確認できる。ひずみゲージサンドの層の厚さは 0.5mm 程度，重さは約 5g 程度であり，軽量・コンパクトなウェアラブルデバイスであるといえる。このセンサを用いることで，皮膚の変形に相関した信号が得られること，また，良好な時間応答特性を有することが確認されている[20]。

脚注5) デバイス名にはサンドウィッチを付けているが，ヒトの身体形状にフィットする薄い層を成形するためにはゴムディッピングが効果的であり，作り方はチョコバナナに近い。成形法の詳細は，文献[20]を参照されたい。

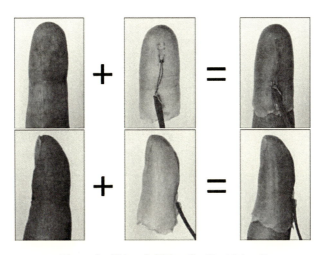

図3　ゴム製人工皮膚層ひずみゲージサンド
（左）人差指の正面および側面からの写真。（中）ひずみゲージサンドの正面および側面からの写真。（右）ひずみゲージサンドを装着した人差指の正面および側面からの写真。0.5mm 程度の厚さの薄いゴム層の中に，ひずみゲージが埋め込まれている。ヒトの皮膚の柔らかさを利用した新しい触覚センサである。

　前節で述べたように，このひずみゲージサンドは，ヒトの触知覚における皮膚と触対象との相互作用の界面にミニマルに介入しているが，従来，触知覚における相互作用の外側から，その情報を"傍受"する技術は存在した。例えば，触知覚時の爪の色の変化を光センサで測る[21]，押し付け時に幅が広がる指を挟み込んだ筐体の撓みをひずみゲージで測る[22]，なぞり振動を爪の上に載せた加速度センサで測る[23, 24]，相互作用界面の近くに配置された小型マイクロフォンで測る[25, 26]，あるいは指に巻いた PVDF フィルムで測る[27, 28]などが挙げられる。このときの基本的な考え方は，「触るヒトを測る」であり，触るヒトの状況を妨害しないように，ヒトの皮膚と触対象との間には何も挟まない手段が選ばれた。メカトロサンドでは，触知覚における相互作用の界面へのミニマルな介入によって，これまで検出するのが困難であった皮膚変形（Morphological Change）の情報を検出し，積極的に利用しようという試みである[脚注6]。

　なお，田中らは，自身の皮膚の状態を計測することにより触対象の特性を検知する触知覚の特性を，「自己言及性（Self-Reference）」と名付け，「双方向性（Bidirectionality）」という触動作と触受容の不可分性と合せて，それらを触覚センシングに組み込むデバイス開発の斬新な方向性を示している[25, 30, 31]が，Morphological Computation に基づくひずみゲージサンドは，その思想に矛盾しないデバイスとなっている。

脚注6)　加速度センサ，小型マイクロフォン，PVDF フィルムは，ここでは考慮していない振動の検出には有効である。特に，指に巻いた PVDF フィルムで触知覚時の振動を測る装置は卓越しており，市販もされている[29]。

4　ひずみゲージサンドによる微小面歪検出

ひずみゲージサンドにより，ヒトが得ている触知覚情報の一部を"抽出"することができるのならば，この情報を基に，面歪検出を実現できるのではないだろうか？本章では，ひずみゲージサンドから微小面歪検出の課題にアプローチする著者らの新たな挑戦について紹介する。

4.1　ひずみゲージサンドの基本特性

ひずみゲージサンドを装着して，十分な力で触対象に押し付けると，ひずみゲージがその表面の形状に沿って，表面形状曲率に相関したセンサ信号が得られる。また，正弦波状にうねった表面形状をなぞった場合は，摩擦による接線方向の伸びの影響を受けるものの，うねり形状に相関した信号を得ることができる。

図4は，フラットな面をなぞったとき（上）と正弦波状にうねる面をなぞったとき（下）のセンサ信号をオシロスコープにより示した写真である。下図写真の触対象の形状は，空間周期14.5mm，振幅 $50\,\mu\mathrm{m}$ をもつ正弦波状のなだらかなうねり面である。フラットな面をなぞったと

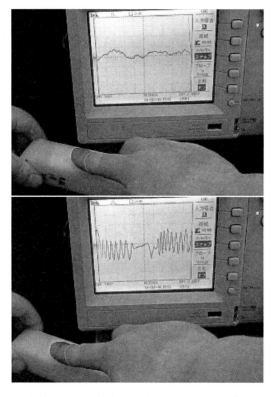

図4　ひずみゲージサンドを装着して平面（上）と正弦波状うねり面（下）をなぞったときのセンサ信号
下図のオシロスコープ画面には，正弦波に対応した明確な波が映し出されている。

きのセンサ信号と異なり，正弦波状うねり面をなぞったときのセンサ信号は，正弦波に対応した明確な波が観察される。このように，ひずみゲージサンドを利用して，うねり面の違いを電気信号として取り出すことができる。なお，2項で説明した触覚コンタクトレンズの触覚増強効果も，このひずみゲージサンドのセンサ信号の増幅として可視化されることが確認されている[32]。

4.2　機械学習の利用

微小な面歪をリアルタイムに頑健に検出するためには，機械学習の利用が得策である。ここでは，機械学習を利用した面歪検出の試みを紹介する[33]。

提案する面歪検出システムは，既知の面歪をもつ触覚サンプルをひずみゲージサンドを装着してなぞり，学習用データを作成し，このデータを用いてニューラルネットワークモデルを学習させておいた上で，学習済みのモデルを用いて，ひずみゲージサンドのセンサ信号からリアルタイムに面歪の有無，さらには面歪のレベルを判断する（図5）。

このシステムの実行可能性を検証するために，表面高さがなぞり方向に沿って Gauss 曲線の凸面に加工されている触覚サンプル2種類（分散は $1mm^2$ で高さが 0.04 および 0.06mm）と平面の触覚サンプル1つ，合わせて3つの触覚サンプルを準備し，学習モデルがこれら3つのサンプルをセンサデータから識別できるかを調べる。触覚サンプルの材質は，アルミ合金 A5052 である。

まず，ゴム製人工皮膚層ひずみゲージサンドでサンプルの表面を2秒間かけてなぞり，センサ信号をサンプリングタイム 1ms で計測する。各サンプル5回計測を行う。図6は，計測データの例である。横軸は時間，縦軸はセンサ出力を 0〜4095 の12ビットデータに変換した値である。

つぎに，変位の最大値と最小値の 10% 程度のノイズを加えて，データを10倍に増やし，オリジナルのデータと合わせて165個とする。これらを，トレーニング用データ84個，テスト用デー

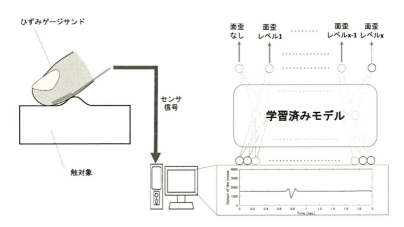

図5　ひずみゲージサンドを用いた機械学習による面歪検出システム
ひずみゲージサンドを装着した使用者が，対象面をなぞったときに，ひずみゲージサンドのセンサ信号を入力として，学習済みのモデルを通して，指定されたレベルの面歪の有無を出力する。

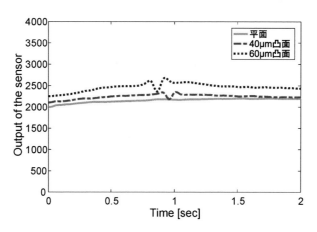

図6　触覚サンプルをなぞったときのセンサ信号の例
触覚サンプルの表面形状は，平面，40 および 60 μm 高さのガウス曲線凸うねり（分散 1mm^2）の 3 種類である。

タ 81 個に分け，トレーニング用データで学習させた後，テスト用データを用いて正答率を算出する。なお，今回の学習モデルは，ひずみゲージの信号を入力として，機械学習ライブラリ TensorFlow のソフトマックス関数により，各面の確率を算出して多項分類を行う。

トレーニング用データを用いて，学習モデルの更新を行ったところ，4500 ステップを超えたあたりから，正答率は 95% 以上で安定した。このことから，平面と高さ 40 μm 以上の凸面を高い精度で識別できることや，凸面同士の 20 μm 程度の高さの違いを識別できる可能性が確認された。

このひずみゲージサンドを用いた機械学習による面歪検出は，人工知能による触覚技の獲得として位置づけられる。もし熟練者レベルの触覚スキルが実現されたとしても，面歪検出における触覚技の解明とはならないが，触覚学における価値のある成果として受け止められるであろう。今回は隠れ層の無い簡単なニューラルネットワークをモデルとして用いたが，実用的な微小面歪検出のために，多数の隠れ層をもつディープニューラルネットワークの利用を今後検討していく。

5　おわりに

本稿では，触覚による微小面歪検出に着目し，「触覚ではかる」ことについて論じた。触覚による微小面歪検出は，「触覚ではかる」ことの単なる一例ではなく，新しい触覚学を展開するための戦略的な入口であると著者らは認識している。近年，触感デザインが注目されているが[6,34,35]，Morphological Computation の観点を押さえつつ，力学理論も絡めながら[36]，ゴム製人工皮膚層ひずみゲージサンドをニーズの高い触感デザインに活用できる触感センサへと発展させることが，今後の重要な方向と考えられる。

謝辞

　本解説記事を含む著者らの触覚研究の成果は，2003年に名古屋工業大学機械工学科に設置されたトヨタ自動車㈱寄附講座「技と感性の力学的触覚テクノロジー講座」での研究活動が基礎となっている。触覚研究の機会を与えてくださった寄附講座の関係者の皆様に，この場をお借りして心より御礼申し上げます。

　また，本稿の作成に当たっては，弘前大学・竹囲年延助教，筑波大学博士後期課程1年・安藤潤人君，同博士前期課程1年・正木俊明君の協力を得た。ここに，感謝の意を表します。

文　　　献

1)　佐野明人，武居直行，望山洋，菊植亮，藤本英雄：表面歪検知レンズ（触覚コンタクトレンズ），検査技術，**10**（1），8-12（2005）

2)　佐野明人，望山洋，武居直行，菊植亮，藤本英雄：人の触覚と触覚テクノロジー－触覚センサ，ディスプレイそしてレンズ－，トライボロジスト，**50**（6），429-434（2005）

3)　佐野明人，菊植亮，望山洋，武居直行，藤本英雄：触の技と数理，日本ロボット学会誌，**23**（7），805-810（2005）

4)　Y. Tanaka, H. Sato, and H. Fujimoto, Development of a Finger-Mounted Tactile Sensor for Surface Irregularity Detection, Proceedings of the 2007 IEEE/RSJ International Conference on Intelligent Robots and Systems, 690-696（2007）

5)　岩村吉晃，タッチ，医学書院（2001）

6)　望山洋，誰も知らない好触感をつくる，狙いどおりの触覚・触感をつくる技術，第2章第8節，101-114，サイエンス＆テクノロジー㈱（2017）

7)　特許2003-435068，凹凸増幅部材および凹凸増幅部材を用いた凹凸検出方法

8)　佐野明人，望山洋，武居直行，菊植亮，恒川国大，藤本英雄：触覚コンタクトレンズ－基本コンセプト－，日本機械学会ロボティクス・メカトロニクス講演会2004講演論文集，1A1-H-10（1-2）（2004）

9)　A. Sano, H. Mochiyama, N. Takesue, R. Kikuuwe, and H. Fujimoto, TouchLens: Touch Enhancing Tool, Proc. of the 1st IEEE Technical Exhibition Based Conference on Robotics and Automation（TExCRA '04），71-72（2004）

10)　R. Kikuuwe, A. Sano, H. Mochiyama, N. Takesue,and H. Fujimoto: Enhancing Haptic Detectionof Surface Undulation, ACM Transactions on Applied Perception, **2**（1），46-67（2005）

11)　V. Hayward, A brief taxonomy of tactile illusions and demonstrations that can be done in a hard warestore, *Brain Research Bulletin*, **75**（6），742-752（2008）

12)　R. Pfeifer, and J. Bongard, How the body shapes the way we think: a new view of intelligence, MIT press（2006）

13)　K. Nakajima, H. Hauser, R. Kang, E. Guglielmino, D. G. Caldwell, R. Pfeifer., A Soft Body as aReservoi, Case Studies in a Dynamic Modelof Octopus-Inspired Soft Robotic Arm, *Frontiers in Computational Neuroscience*, **7**（**91**），1-20（2013）

14)　Principles of Neural Science, 4th ed., edited by E. R. Kandel *et al.*, McGraw-Hill（2000）

15) 東山篤規，宮岡徹，谷口俊治，佐藤愛子：触覚と痛み，ブレーン出版（2000）

16) IROS 2017 Workshop on Soft Morphological Design for Haptic Sensation, Interaction and Display, https://sites.google.com/site/iros17softhaptic/, Accessed 2017-10-19

17) Van Anh Ho, H. Yamashita, Z. Wang, S. Hirai, and K. Shibuya, Wrin' Tac: Tactile Sensing System With Wrinkle's Morphological Change, *IEEE Trans. on Industrial Informatics*, **13 (5)**, 2496-2506 (2017)

18) N. Sornkarn, P. Dasgupta, T. Nanayakkara, Morphological Computationof Haptic Perception of a Controllable Stiffness Probe, *PLoS One*, **11 (6)**, 1-21 (2016)

19) F. Visentin, P. Fiorini, K. Suzuki, A Deformable Smart Skin for Continuous Sensing Based on Electrical Impedance Tomography, **16 (11)**, 1-21 (2016)

20) 望山洋，林秀俊，蕭凱文，竹囲年延，篠塚英，小川清：ゴム製人工皮膚層メカトロサンド，第 32 回日本ロボット学会学術講演会，RSJ2014AC3B2-01 (1-3)（2014）

21) S. Mascaro and H. Asada: Photoplethysmograph fingernail sensors for measuring finger forces without haptic obstruction, *IEEE Transactions on Robotics and Automation*, **17 (5)**, 698-708 (2001)

22) M. Nakatani, K. Shiojima, S. Kinoshita, T. Kawasoe, K. Koketsu, J. Wada, Wearable Contact Force Sensor System Based on Fingerpad Deformation, Proceedings of the IEEE World Haptics Conference, 323-328 (2011)

23) 安藤英由樹，湯村武士，飯塚博幸，渡邊淳司，前田太郎，爪上振動を用いた触覚伝達のための伝達特性解析―爪上振動による触覚伝送の研究（2）―，日本機械学会ロボティクス・メカトロニクス講演会 2010 講演論文集，2A2-K01 (1-4)（2009）

24) 橋本悠希，湯村武士，米村朋子，飯塚博幸，前田太郎，安藤英由樹，爪上振動を利用したなぞり動作における触覚伝送手法，日本本バーチャルリアリティ学会論文誌，**16 (3)**, 399-408（2011）

25) 田中由浩，佐野明人，藤本英雄，自己言及性と双方向性を考慮した触覚センシング，日本機械学会ロボティクス・メカトロニクス講演会 2010 講演論文集，1A2-D16 (1-2)（2010）

26) Y. Tanaka, Y. Ueda, A. Sano, Roughness evaluation by wearable tactile sensor utilizing human active sensing, Mechanical Engineering Journal, 3-2, Paper No. 15-00460 (2016)

27) 田中由浩，グエン・ズイ・フォン，福田智弘，佐野明人，PVDF フィルムを用いたウェアラブル触覚センサによる皮膚振動モニタに関する基礎検討，電子情報通信学会技術研究報告：**114** (483), 63-66 (2015)

28) Y. Tanaka, D. P. Nguyen and A. Sano, Wearable skin vibration sensor usinga PVDF film, Proceedings of the IEEE World Haptics Conference 2015, 146-151 (2015)

29) http://www.tecgihan.co.jp/products/yubi-reco/, Accessed 2017-10-20

30) Y. Tanaka, Y. Horita, A. Sano, H. Fujimoto, Tactile sensing utilizing human tactile perception, Proceedings of the IEEE World Haptics Conference 2011, 62/-626 (2011)

31) 田中由浩，佐野明人，自己言及性と双方向性の組み込み，日本ロボット学会誌，**30 (5)**, 472-474 (2012)

32) M. Ando, H. Mochiyama, T. Takei, H. Fujimoto, Effect of the Tactile Contact Lens on the Rubber Artificial Skin Layer with a Strain Gauge, Proc. of 2016 IEEE/SICE International

Symposium on System Integration（SII2016），397-402（2016）

33)　正木俊明，安藤潤人，竹囲年延，望山洋，藤本英雄，人工皮膚センサによる凸／平面識別，情報処理学会第 80 回全国大会講演論文集，2　pages（2018）（掲載予定）

34)　日本バーチャルリアリティ学会誌（特集「インダストリアル触感デザイン」），日本バーチャルリアリティ学会，**14 (3)**（2009）

35)　日経ものづくり（特集「触覚をデザインする」），日経 BP 社，2016 年 10 月号（2016）

36)　望山洋，藤本英雄，触感デザインのためのソフトスキンモデリング，第 6 回横幹連合コンファレンス論文集，27-30（2015）

第6章　視覚ではかる ― ちらつき知覚の変化に基づく簡易疲労計測技術 ―

岩木　直[*1], 原田暢善[*2]

1　はじめに

　点滅光がちらついて見える周波数（フリッカー値）は，疲労の蓄積によって減少することが1941年にSimonsonとEnzer[1]により報告されて以来，疲労度の定量的検査方法として70年以上用いられてきた。元来フリッカー値は，一定の輝度で点滅する光源の点滅周波数を連続的に変化させ，ちらつきを知覚可能になる点，あるいは，ちらつき知覚が消失する点を計測することによって決定される（フリッカー検査）。

　フリッカー検査は，疲労にともなう大脳皮質を含む中枢神経系の興奮性あるいは緊張度の変動にともなって変化するちらつき知覚閾値を計測していると考えられている。とくに，フリッカー値は，活動の継続（すなわち疲労の蓄積）とともに連続的に変化し，試行毎の計測値の変動が小さく安定的な計測が可能であることから，労働衛生学・労働生理学の分野では重要な研究ツールとして用いられてきた[2,3]。

　フリッカー値には個人差があるため，計測する本人の健常時のフリッカー値を測定しておき，「計測時のフリッカー値が健常時と比べてどのように変化しているか」に基づいてそのときの疲労状態を判定するのが妥当である。例えば，健常時よりも5％程度フリッカー値が低下していれば要注意とし，10％以上下がっているときは，休憩をとった方がよいといった具合である。これまでのフリッカー検査に関する研究結果のよると，フリッカー値が10％以上低下した場合，単純計算課題の成績悪化など，認知・行動学的なパフォーマンスが著しく低下することが知られている[4]。

　前述のように，フリッカー検査は精神的な疲労度の客観的計測手法として有用であることが研究者の間ではよく知られており，主に産業衛生や人間工学などの研究分野における疲労計測手法として使われてきたが，実際の計測には専用の計測装置が必要であったため，設置される場所が限られ，これまで一般への普及はまったく進んでいない。われわれはフリッカー検査の原理を用いて，携帯端末やパソコンなど日常生活中に容易にアクセス可能な汎用機器で，継続的に精神的

＊1　Sunao Iwaki　（国研）産業技術総合研究所　自動車ヒューマンファクター研究センター
　　　　　　　　　副研究センター長；筑波大学　大学院人間総合科学研究科
　　　　　　　　　感性認知脳科学専攻　教授（連携大学院）
＊2　Nobuyoshi Harada　フリッカーヘルスマネジメント㈱　代表取締役

疲労のモニターを行うことを可能にする技術の開発を目標とした研究を進めてきた。本論文では，①携帯端末やパソコンのディスプレイを用いてフリッカー検査を可能にするための技術開発[5]，②監督者なしで日常生活中に自律的にフリッカー検査を行うための技術開発[5]，③携帯端末やパソコンのネットワーク親和性を利用したプロトタイプシステムの構築について紹介する。

2　ちらつき知覚のコントラストによる変化を用いた疲労検査

　図1は，点滅光の点滅周波数（縦軸）と，点滅時のON/OFF間のコントラスト（横軸）の変化に対する，ちらつきが知覚できる閾値（Flicker Perception Threshold：FPT）の変化を模式的に描いたものである。被験者がちらつきを感じるフリッカー値は，周波数と明るさに影響を受け，健常時に黒線のような計測値となるとすると，疲労時はグレー線で示すように変化する。すなわち，同じコントラストの下では周波数の低下にともなってちらつきが知覚しやすくなり，同じ点滅周波数の下ではコントラストの増加に伴ってちらつきが知覚しやすくなる。これまでのフリッカー検査で計測されてきたのは，同一のコントラストの下で点滅周波数を変化させたときの，被験者がちらつきを知覚した周波数（フリッカー値：より厳密には，Flicker Fusion Frequency（FFF））のみである。

　一方，携帯電話やパソコンのディスプレイは，垂直同期周波数（リフレッシュレート）が一定の値に固定されているため（典型的な携帯電話ディスプレイでは15あるいは30 Hz，パソコンでは60 Hz程度），従来のフリッカー検査で必要な0.1 Hz単位での点滅周波数変化を実現できない。

　われわれは，点滅周波数を変化させるのではなく，明滅する視覚刺激の高輝度（ON）時と低輝度（OFF）時の輝度の差（以下，コントラスト）を変化させることで，従来のフリッカー検

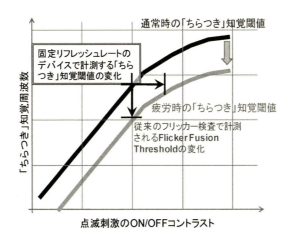

図1　CRT/LCDでの「ちらつき（フリッカー）」刺激呈示の原理

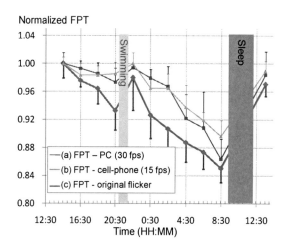

図2　パソコン（細黒線）・携帯電話（細グレー線）に実装したソフトウエアと従来のフリッカー検査専用機（太線）による終夜疲労負荷下での疲労計測結果

査と同等の精度をもつ疲労計測が可能な方式（コントラスト変化によるフリッカー刺激：Contrast-Controlled Flicker Stimuli（CCFS））を考案し[5,6]，従来のフリッカー検査との相関関係を被験者実験により評価した。

　被験者は，14時30分から翌日の8時30分まで，論文執筆などの頭脳労働を行い，この間の精神的疲労の蓄積の様子を，われわれが開発したコントラスト変化によるフリッカー刺激（CCFS）を実装したディスプレイの垂直同期周波数30Hzの携帯電話，およびCCFSを実装したディスプレイの垂直同期周波数60Hzのパソコンを用いた計測結果は，従来のフリッカー検査専用機を用いた計測結果を用いて2時間間隔で計測した。この終夜精神的負荷下での疲労計測結果を図2に示す。縦軸は計測開始時のフリッカー計測値を1とした場合の各時刻のフリッカー知覚閾値（FPT）の相対値，横軸は時刻として，各方法で計測して得られた平均値と分散を示している。

　被験者は，21時から22時にかけてリフレッシュのため水泳に行き，また翌朝9時から11時まで仮眠をとった。いずれの計測方法でも，終夜の精神的負荷により疲労が蓄積していく様子，軽い運動などのリフレッシュにより一時的に精神的疲労が軽減される様子，仮眠により疲労が回復する様子が，適切に計測されていることを示している。これらの結果は，(a)CCFSを実装したディスプレイの垂直同期周波数60Hzのパソコン（細黒線），(b)CCFSを実装したディスプレイの垂直同期周波数30Hzの携帯電話（細グレー線）を用いた計測により，(c)従来のフリッカー検査専用機を用いた計測結果（太黒線）と同様に，終夜の精神的作業負荷による疲労蓄積の経時的変化の評価が可能であることを示している。

　また，CCFS方式フリッカー検査で得られる結果は，従来の専用機による検査結果と高い相関をもち（図3），データのばらつきと変化率から，従来からのフリッカー検査専用機を用いた計

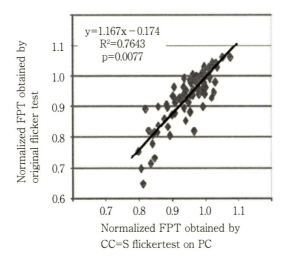

図3　CCFS 方式フリッカー検査と従来方式との相関関係

測と，携帯電話やパソコンを用いた新方式の計測ではおおよそ同等の精度の計測ができることが明らかになった。

3　強制選択・上下法によるちらつき知覚閾値の決定方法

　従来のフリッカー検査では，点滅周波数を一定の間隔で徐々にかつ連続的に変化させ，被験者は点滅光のちらつきを主観的に知覚したと感じた時点でボタン押しにより回答する極限法（method of limits）を用いて，ちらつき知覚に周波数閾値を決定する方法がとられていた。この方法では，繰り返しフリッカー検査を受けることによる慣れの誤差や期待誤差，さらには計測結果に対する被験者の恣意性の影響を排除することが難しい。この問題点は，データ取得に際して実験者と被験者が対面し，正確なデータ計測に対する被験者のモチベーションを保つことができる従来の利用法では重大な問題点ではなかった。しかしながら，日常生活中に監督者なしで自律的にちらつき知覚閾値を計測することを目的とする場合，計測結果に対する被験者の恣意的な操作などのバイアスを回避することは，とくに重要な検討課題となる。

　これに対してわれわれは，検査結果に対する被験者の恣意性を排除するとともに，刺激の変化速度や変化方向を被験者の応答により適応的に調整することのできる，強制選択・上下法（Forced-choice・up-down method）を導入し，監督者なしでも適切にちらつき知覚閾値を計測できる検査アルゴリズムを導入した[5, 7]。具体的には，図4に示すように，呈示される複数の刺激の中から，ちらついて見える1つのターゲット刺激を強制的に選択させ，正答すれば次試行ではより難易度の高い（より ON/OFF 間コントラストが低い，すなわち，ちらつきが見えにくい）ターゲット刺激を呈示し，誤答であれば次試行でより難易度の低い（より ON/OFF 間コントラストの高い，すなわち，ちらつきが見えやすい）ターゲット刺激を呈示する。これを，ON/

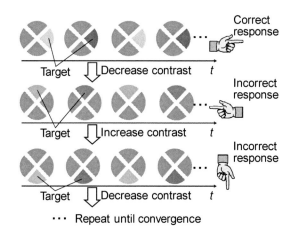

図4　強制選択・上下法によるちらつき知覚閾値の決定方法の模式図

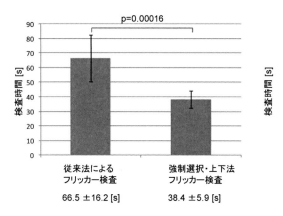

図5　強制選択・上下法によるフリッカー検査に要する
検査時間短縮の効果（平均検査時間±標準偏差）

OFF 間コントラストが収束するまで繰り返すことによりちらつき知覚閾値を決定する。この方法を用いることにより，被験者の応答にかかわらず一定間隔で刺激を変化させる極限法とは異なり，ちらつき知覚閾値付近で高密度な計測を行うことで計測結果の精度を向上させることができるとともに，ちらつきが明瞭に観察できる領域ではコントラスト変化を大きくすることにより検査の短時間化に寄与することを可能にする。本手法をパソコンに実装したプロトタイプシステムでは，従来のフリッカー検査と比較して，計測に要する時間を半分程度に短縮することに成功している（図5）。

4　ネットワークを用いた日常疲労計測のためのプロトタイプシステム

これまで広く使われてきたフリッカー検査装置は，研究室内での使用を前提としており，計測

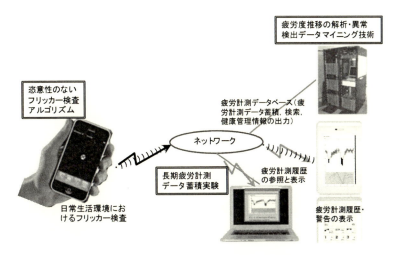

図6　ネットワーク上のデータベースに日常的に得られる精神的疲労の計測結果を
蓄積し随時参照することを可能にする日常疲労計測プロトタイプシステム

したデータの取り扱いはすべて実験者に任されていたが，日常生活中に自律的に利用できるように
するには，計測結果の収集と解析・可視化を自動化する必要がある。一方で，近年携帯端末や
パソコンなどのインターネットへの接続性は格段に向上しており，日常生活中でも常時オンライ
ンでデータの送受信が可能になってきている。われわれは，個人のもつ携帯端末や家庭の情報端
末などのネットワーク親和性を利用し，ちらつき知覚閾値を用いた精神的疲労の計測結果をネッ
トワーク上のデータベース（疲労計測データベース）で管理・モニターすることができる，日常
生活中に簡便に利用できる精神的疲労モニターのためのプロトタイプシステムを構築した（図
6）。これは，精神的疲労の推移を随時計測・蓄積・可視化することを可能にするもので，一般消
費者向けの健康管理や，精神的疲労の推移に応じたタイムリーな情報・サービス提供のための基
盤技術として運用試験を実施するとともに，本プロトタイプシステムの簡易版をAndroidスマー
トフォン・タブレット端末上で動作するソフトウエアとして実装したアプリを一般に公開してい
る[8]。

5　まとめ

疲労によるちらつき知覚閾値の変化を計測するフリッカー検査は，精神的疲労度の定量的かつ
ロバストな検査方法として，主に人間工学や産業衛生分野の研究用途に用いられてきた。われわ
れは，日常生活場面における実用的な精神疲労モニタリングの実現を目的として，携帯端末やパ
ソコンなどの汎用機器で，自律的にちらつき知覚閾値検査を可能にする技術を開発した。

文　　献

1)　E. Simonson, N. Enzer, *Indust. Hyg. & Toxicol.*, **23**, 83-89 (1941)

2)　W. Karwowski, International Encyclopedia of Ergonomics and Human Factors, 2nd Edition, CRC Press (2006)

3)　橋本, 産業医学, **5** (9), 563-578 (1963)

4)　橋本, 人間工学, **17** (3), 107-113 (1981)

5)　S. Iwaki, N. Harada, Mental fatigue measurement based on the changes in flicker perception threshold using consumer mobile devices, *Adv. Biomed. Eng.*, **2**, 137-142 (2013)

6)　原田, 岩木, ちらつきの閾値の測定装置及び測定プログラム, 特許第 4524408 号 (特願 2009-043625)

7)　岩木, 原田, 須谷, ちらつきの知覚閾値の測定装置及び測定方法, 特許 5413860 号, USPat 8579441 (特願 2011-530780)

8)　https://play.google.com/store/apps/details?id=fhm. lite.application

※この論文は, 「月刊機能材料 2013 年 2 月号 (シーエムシー出版)」に収載された内容を加筆修正したものです。

第Ⅲ編

感覚をつくる・つかう
～提示・代行技術～

第7章　ロボットハンドへの触覚導入

山口明彦*

1　はじめに

　人間の感覚器において，触覚は視覚の10％ほどの情報量を持つと言われる[1]。ロボットのための外界センサとして，視覚に相当するカメラは，深度が取得できるものも含めて広範囲に使用されており，ロボットにデフォルトで搭載して販売されている例も多い。一方で触覚センサについては，BarrettHand[2]，PR2[3]，ReFlex Hand[4]のようにロボットハンドに組み込んで売られている例もあるものの，普及しているとは言い難い。下条による見解[1]を参考に，ロボットにおける触覚センシングの課題をまとめると，以下のとおりである。

① ロボットに搭載することの困難さ：特にグリッパやロボットハンドでは，限られたスペースに触覚センサを埋め込む必要があり，表面形状も平面や曲面を組み合わせた多様なものが望まれる。結果としてセンサの設計が難しくなる。さらに，触覚センサを全身や指の各部位に配置するには，電源および信号線の配線が膨大になり，ロボットシステムに搭載することが困難となる。

② 耐久性が低く壊れやすい：多くの触覚センサは，外力を直に受けるため壊れやすい。柔軟素材で覆うと，感度の低下やヒステリシスの増加をまねく。なお，耐久性は，外力に対する耐久性，液体に対する耐久性，温度に対する耐久性，汚れに対する耐久性などがある。耐久性が低くても取り替えが低コストかつ容易なら容認できる場面も多いが，多くの触覚センサは取り替えが容易ではない。

③ 空間的・時間的解像度，モダリティの多様性：さまざまなレンジ，モダリティ（接触（on/off），圧力分布，3軸力分布，滑り，温度，など）の違いが存在し，センシング方法も多数存在する。結果としてセンサ間の互換性が低い。

④ 触覚センサを使ってできるようになることが不透明：ある程度の把持なら触覚なしでも実現できる。ソフトロボットハンド（例えば文献5)）を使えば，センサレスで適応的に把持をすることができるので，触覚センサを使う動機とならない。

⑤ 触覚センサを使用することで起きるデメリットもある
- 速度の低下：一般にセンサ情報をフィードバックしながら制御すると，速度が低下する。
- 制御の難しさ：プログラミングが複雑になる。
- メンテナンス性の低下：定期的なキャリブレーションや壊れた場合の修理などが生じる。

＊　Akihiko Yamaguchi　東北大学　情報科学研究科　助教

⑥　価格：BioTac[6]のように高性能なものは高価である。

⑦　以上の理由からデフォルトでロボットに搭載する動機を阻害していると考えられ，研究開発者が個別にセンサを組み込むことになり，同じ触覚センサを搭載したロボット・ハンド・グリッパを用いた研究事例が溜まりにくく，知見・ソフトウェアを共有しにくい。

このように，気軽に触覚センサを使った研究開発を実施できる段階ではないと考える。しかしながら，ロボットが触覚持つことは，マニピュレーション（物体操作）やユーザ・環境とのインタラクション（相互作用）を行う上で重要な要素である。かじかんだ手や分厚い手袋を着けた手で物を操ろうとすると，通常よりも困難になることは想像に難くない。人とダンスをするようなロボットは，人の腕などをロボットに挟み込む危険性があるが，体中に触覚センサが搭載されていると回避できる可能性が向上する。

本章では，特にロボットハンドへの触覚導入の現状について述べる。ロボットハンドで使われている触覚センサについて製品化されているものを中心に紹介し，筆者らが研究している光学式触覚センサについて詳しく述べる。触覚のモダリティとして，特に物体操作において重要な滑りについても詳細に述べる。後半では，触覚センサを搭載したロボットハンドの応用事例として，触覚センサを使った対象物・環境認識および触覚センサを使った物体操作に関連する研究を紹介する。以上を踏まえた上で，「（ロボットにとって）触覚は本当に必要か？」を議論する。これには，近年注目を集めている人工知能（機械学習，強化学習，深層学習など）との関連も含まれる。最後に，我々が取り組んでいるオープンソース触覚センサプロジェクトについて述べる。

なお，触覚および触覚センサについて体系的に解説した文献としては，文献 7) が詳しい。

2　ロボットハンドで使われている触覚センサ

ロボットハンド・グリッパで使われている触覚センサについて，いくつか例を紹介する。

Willow Garage 社が開発したモバイル型双腕ロボット PR2[3]にはパラレルグリッパが搭載されており，そのフィンガには 22 個の素子で構成される触覚センサが搭載されている。この触覚センサは静電容量の変化を捉える方式のものであり，Pressure Profile Systems INC 社によって開発されたものである[8]。静電容量の変化を捉える方式とは，誘電体を 2 枚の電極ではさんで形成したコンデンサの加圧による容量の変化を計測し，圧力として出力する方式である。高分解能型の実現が困難とされる。Pressure Profile Systems INC 社はこのタイプの触覚センサを製造しており，いくつかのロボットハンドに搭載されている[9]。Barrett Technology LLC 社の 3 指ハンド BarrettHand[TM 2]には手首の力覚センサ，指先トルクセンサ，触覚センサがオプションで用意されている。指先トルクセンサは歪ゲージを用いて指先関節のトルクを計測するものである。触覚センサは各指先と手のひらに計 96 素子設置されており，PR2 と同様に Pressure Profile Systems INC 社によって開発されたものである。他に Pressure Profile Systems INC 社によって開発された触覚センサを搭載したロボットとして，早稲田大学菅野研究室によって開発された

TWENDY-ONE がある[10~12]。各ハンドに計 241 素子が搭載されている。

　加圧や変形で生じる抵抗値の変化を捉える方式として，歪ゲージ，感圧導電性ゴム，圧感受性インクなどがある。製品として感圧導電性ゴムセンサ「イナストマー」[13]などがある。感圧導電性ゴムをロボットハンドに搭載し，荷重分布の中心を計測して滑りを検出，把持制御を行った研究がある[14]。

　早稲田大学発のベンチャー企業 Nicebot は 4 指のロボットハンドを開発しており，各指に 3 軸× 72 個の触覚センサが搭載されている[15]。センサの原理については明らかにされていない。なお代表の Alexander Schmitz は，静電容量の変化を捉える方式の触覚センサ[11,16,17]，磁気変化を捉える方式の触覚センサ（磁化した繊毛の変形による磁場の変化を磁気抵抗効果を利用して検出し，外力を推定する方法）[18]などの研究に係わっている。

　RightHand Robotics 社が開発している 3 指のロボットハンド ReFlex Hand[4]では，MEMS 技術で作られた気圧センサを利用した触覚センサ TakkTile[19]が搭載されている。

　複数のセンサを組み合わせることで複合的なモダリティが得られるセンサを開発している事例もある。例えば，歪ゲージ（歪みによる抵抗値の変化から変形を検出）と PVDF フィルム（ピエゾ効果＝強誘電体の結晶に圧力を加えると結晶表面に電荷が生じる＝を利用した加圧力の変化を検出）で構成される触覚受容器を，柔軟素材で作られた指の内部に分布させたセンサが開発されている[20,21]。SynTouch INC 社製の BioTac[6]は，19 点の圧力分布，3 軸方向の力，微小振動，温度などが計測可能であり，「生体模倣型触覚センサ」の名の通り，人間の触覚センシングモダリティにもっとも迫ったセンサのひとつと言える。商用のロボットハンドである BarrettHand（Barrett Technology, Inc.），Shadow Dexterous Hand（Shadow Robot Company Ltd.）などへはキットを購入することで容易に搭載できる。BioTac は，電極・圧力センサ・サーミスタなどで構成されるコアユニットが，エラストマを用いた人工皮膚で覆われており，皮膚とコアユニットが導電性の液体で満たされた構造になっている。しかし非常に高価であり，「触覚センサを試してみる」という感覚では購入しにくい。

　力覚センサ（3 軸の力あるいは 6 軸の力・トルクを 1 点について計測）は，小型のものも市販されており，ロボットハンドの指先にも比較的搭載しやすい。例えば光学式の力覚センサ製品 OptoForce[22]をロボットハンドに搭載した研究事例[23]など，多数の文献がある。タッチエンス社は触覚センサとして，小型ながら 3 軸の力が計測可能なショッカクチップ[TM]，1 点～複数点の変位が測定可能なショッカクポット[TM]およびショッカクキューブ[TM]を販売している[24]。タッチエンスは東京大学発のベンチャー企業で，当初はサービスロボット用を想定して開発されたが，十分なニーズがなく，エンターテイメントや自動車産業に活路を見出している[25]。

2.1　光学式触覚センサ

　筆者らは光学式，特にカメラを用いる方式の触覚センサを研究している。これは，比較的低価格で広範囲を捉えられるセンサとしてカメラが適していること，カメラデバイスは活発に開発が

進められている分野であり，性能の向上や小型化が企業主導で行われていること，長時間の使用でも安定していること，指に搭載できるサイズのカメラも市販されていること[26]，などが理由である。

光学式の触覚センサは古くから開発されてきた。初期の試みは，接触によって引き起こされたセンサ表面上の導波路における全反射の妨げを測定することであった[27~30]。カメラおよびコンピュータビジョンの進歩により，センサ表面に埋め込んだマーカの変位をカメラで捉え，画像処理によって力や力分布を推定するものが開発された[31~41]。マーカの変位は外力に相関するため，より直接的に外力を推定できるからだと考えられる。近年，より高解像度にする取り組みが行われている[41~43]。ほかのアプローチとして，GelSight と呼ばれる，高感度に反応する透明柔軟素材に対象物を押し付け，その変形をカメラで計測し，登録した物体をマーカレスで位置推定する方法が提案されている[42]。以上のセンサでは，背景が画像処理に与える影響を無くすため，不透明の膜でセンサ表面を覆っていた。

筆者らは，この不透明の膜を完全に取り払い，センサの皮膚を完全に透明にすることで，マーカの変位による外力推定だけでなく，近接物体の情報をより詳細に得る方法 FingerVision を提案した[43]。マーカーの検出における背景の影響は画像処理アルゴリズムの工夫で軽減されることを示し，さらに，カメラで外部が撮影されることによるセンシングモダリティの向上が実現でき，画期的であった。触覚センサというより，触覚と近視覚を合わせ持つ新センサと言える。画像を解析することで，近接物体の位置や姿勢を取得でき，さらに動きの情報から滑りに相当する量を得ることができる[44]。FingerVision は Rethink Robotics 社の双腕ロボット Baxter の標準パラレルグリッパ，Robotiq 社の 2-Finger Adaptive Robot Gripper などに搭載できるように開発し，センサデータ（画像）の処理プログラムも含めてオープンソースハードウェアとして公開した。

透明な皮膚を持つセンサとして，透明な柔軟素材の下に距離センサアレイを埋め込んだものがある[45]。センサと近接物体までの距離を計測し，センサ表面までの距離以上なら非接触として物体までの距離を，センサ表面までの距離未満なら接触しているとして変形量から法線方向の外力を推定するというアイディアである。なお，センサ表面までの距離は既知であると仮定している。製品化され，Baxter の標準パラレルグリッパ，Robotiq Gripper，Kinova アームなどに搭載された。

2.2 触覚のモダリティ

触覚のモダリティは，接触（On/off），力（3軸・6軸），圧力分布，力分布，滑り，振動，温度，硬さ，材質，ずれ覚など，多岐に渡る。圧力分布や力分布は，多くのロボット向け触覚センサが計測することができるモダリティだが，物体操作などでは滑りも重要である。人間の把持における滑りの役割について調べた研究として文献46）があり，滑りが検知された際に把持力が向上することを明らかにしている。

　滑りのセンシング技術として，さまざまな方式が，古くから考案されている。滑りによって生じたアコースティック・エミッション（材料が変形あるいは破壊する際に，内部に蓄えていた弾性エネルギーを音波として放出する現象[47]）を利用する方法が提案された[48]。滑りによって生じた微小振動を捉える方法があり，広く利用されている[29,49~54]。微小振動を捉える方法では，加速度センサを利用するものがある[49,50,53]。文献 29) では，法線方向の力の変化が閾値以上である場合を滑りとして定義した。滑りの検出を容易にするため，構造を工夫する研究もある。例えば，文献 49) では微小振動が発生しやすくなるように突起で覆われた柔軟な皮膚を用い，皮膚の内部に加速度センサを配置している。文献 29) では，皮膚の外部に複数の突起を持つ光学式の触覚センサが提案された。文献 52) では，グリッパの指を柔軟素材で構成し，滑りが発生すると指の付け根に取り付けられた歪ゲージで滑りに起因する振動が捉えられるような機構を開発した。力やトルクセンサのデータを解析して，滑りを検出する研究もある[8,55,56]。例えば文献 8) では，ハイパスフィルタを通した法線方向の力から滑りを推定している。分布型のセンサを用いて滑りを検出する研究も多い[57~60]。文献 60) では 44 × 44 の圧力分布情報が画像に変換され，画像処理により滑りが検出されている。文献 59) では，触覚センサの圧力中心から滑りを検出する手法が開発された。文献 61) では，ステレオビジョン，指の関節エンコーダ，指先の力・トルクセンサを組み合わせる方法が用いられた。高機能触覚センサ BioTac[62] を用いた滑り検出も研究されている。文献 63) では，2 つの BioTac センサを用い，滑りを検出する複数の手法を実験的に比較した。文献 64) では，BioTac を用いた，指先力推定，滑り検出，および滑り分類の方法について研究がなされた。滑りの検出については，力の時間微分を用いる方法，圧力の振動を捉える方法が検討された。また，BioTac の電極の時系列データから，滑りを並進および回転に分類する手法が開発された。滑りの検出に，光学式の触覚センサを用いる方法も研究されている[35,39,44,56,65,66]。文献 65) では対象物にドットマーカを付け，それらを追従することで滑りを推定した。文献 35), 39), 66) では固着領域の変化から滑りが推定された。文献 56) では，GelSight による高解像度の力分布から滑りが検出された。これらに対し筆者らの文献 44) では，皮膚が透明である特徴を生かして，対象物の検出，およびその移動を捉えることで滑りの検出を行った。これにより，折り紙やドライフラワーのように極めて軽い物体であっても，その滑りを感度良く検出することに成功している。これは，カメラ式の触覚センサであっても，その表面を覆う他のセンサでは，実現できない能力である。

　以上の他に，ローラ・ボールの回転をエンコーダで捉える機械的方式，音響共鳴の原理を用いて弾性体内部の応力変化を捉える方法などがある[7]。

3　触覚センサを搭載したロボットハンドの応用事例

　触覚センサを搭載したロボットハンドの応用事例として，対象物・環境の認識，および対象物体の操作について紹介する。

3.1 触覚センサを使った対象物・環境認識

　基本的なアイディアは，接触センサが搭載されたロボットハンドを対象物や環境に押し付ける，あるいは撫でることで触覚センサを反応させ，取得したデータから対象物や環境の特性を認識する，というものである。

　具体的には，対象物体に押し当てて，接触している物体の表面形状やエッジを検出する研究がある[38, 40, 67]。GelSight を利用した研究として，文献 42) では対象物を GelSight に押し付け，物体の形状とテクスチャ（表面形状のパターン）を高精度に推定した。文献 68) では布を GelSight に押し付けてテクスチャを検出し，そこから深層学習により布の特性（厚さ，滑らかさ，毛羽立ち，伸縮性，使用される季節，望ましい洗い方）を推定する方法を開発した。

　対象物をなぞって認識する方法は，アクティブパーセプションの一種である。例えば，歪ゲージと PVDF フィルムを分布させた柔軟指で対象物の表面を撫で，コルク，紙，ビニル，木材の識別に成功した事例がある[20, 21]。BioTac の特徴であるマルチモダリティをフル活用し，対象物の表面を一本指で撫でたデータから，117 種類のテクスチャを 95.4% の精度で識別する研究が報告されている[69]。BioTac を搭載した 5 指のロボットハンド（Shadow Hand）を用いて，多様な形状の物体を識別する研究事例もある[70]。

　触覚センサを用いた対象物の特性を推定する研究に関するサーベイ論文として，2017 年に発表された文献 71) がある。

3.2 触覚センサを使った物体操作

　触覚センサを使った物体操作は数多く研究されており，もっとも基本的なものは把持である。文献 14) では，前述のように感圧導電性ゴムセンサによる滑り検知をもとにした把持が研究された。文献 29) では，光学式の触覚センサを用いて滑りを検出し（力の変化を用いる方法），滑りを回避するようにロボットハンドの握力を調節する方法を開発した。紙コップに水を入れる実験で，紙コップを壊さず，滑りを発生させない持ち方を実現した。人間が物体を把持する際の触覚の使い方に関する研究[72]をもとに，文献 8) は PR2 ロボットを用いて，さまざまな物体を壊さずに把持可能な制御手法を開発した。PR2 のグリッパに搭載された触覚センサを用いており，圧力分布から滑りを推定している。

　他に，滑り情報を用いた把持の研究として，文献 23)，44)，64)，73) がある。筆者らの研究[44, 73]では，FingerVision を用いて画像情報から滑りを推定しているため，把持力に依存せずに感度良く滑りが検出可能であるため，折り紙や花びらのような軽い物体でも壊すことなく把持することに成功した。文献 73) では，野菜や果物，折り紙，生卵など，さまざまな柔軟物や壊れやすい物体の把持を実現した。把持を行った後，触覚センサの情報から把持の状態を推定し，不安定な把持の場合には掴み直す（regrasp）方法も研究されている[74]。

　把持以外の物体操作で触覚センサを用いた研究もある。文献 29) では，ロボットハンドによるペットボトルの蓋をひねる動作で，触覚センサによる滑り検出を用いた。文献 75) では，光

学式の触覚センサ[41]を搭載した 1 本指のロボットで円柱を転がす操作を研究した。文献 76) では，ロボットハンド内（in-hand）で円柱を操るスキルを学習する研究が行われた。文献 61) では，より複雑な物体操作であるペグ・イン・ホールにて，滑りの検出が利用された。筆者らは，触覚センサを搭載したグリッパにナイフを持たせ，果物を切るタスクを実装した[43]。ナイフで果物を切る際，外部視覚では，ナイフが果物を切っているのかまな板に到達したのか識別することは難しいが，触覚情報を使えば容易に識別できた。文献 77) では，BioTac を搭載したロボットハンドを用いて，紐なぞったり，ジップロックを閉める操作を実現した。

　分布型の触覚センサを用いて把持している物体の位置・姿勢を推定し，物体操作に応用する方法も研究されている。文献 42) では，GelSight を用いて把持した USB コネクタのグリッパ内での姿勢を推定し，USB 端子に挿入する実験が行われた。

　把持した物体の位置・姿勢の推定情報をもとに，ロボットハンド内（in-hand）で物体を掴んだまま操作する方法も研究されている[44,60]。筆者らの研究[44]では，パラレルグリッパによって把持した物体の姿勢を，重力を利用して目標姿勢まで滑らせながら回転させる方法を実装した。FingerVision を用いて物体の姿勢を画像から推定しており，滑らせながら回転させる制御では滑り検出を利用した。

　物をロボットから人間に渡す，ヒューマン・ロボット・インタラクションタスクで触覚センサが用いられた事例もある[30,44]。筆者らの研究[44]では，FingerVision を用いて把持物体に加わった外力および把持物体の滑りを検出し，幅広い状況に対応可能な手渡し動作を実現した。正確には，FingerVision を用いて手渡す（グリッパを開く）タイミングを制御しており，力強く物体を把持している場合は滑りが発生しにくいため力分布を手渡し動作のトリガーとして用い，逆に軽い物体を柔らかく把持しているような場合には滑りをトリガーとして用いた。

4　触覚は本当に必要か？

　物体を把持したり操作する際，人間は視覚と触覚を組み合わせる。しかしながら，ロボティクスにおいて，触覚は不可欠な要素として確立しているとは言い難い。例えば深層学習を用いてロボットによる把持を学習する最近の研究[78~80]では触覚センサは用いられず，視覚のみが外界センサとして用いられた。これは，把持前の状態（視覚的シーン）と把持パラメータ（グリッパの幅や姿勢など）に対して，把持の結果が整合するなら，その関係がニューラルネットワークにより学習可能だからである。人間の場合，触覚情報は把持が実行される際の状態（いわば中間的な状態）として使われるが，ロボットの把持学習で示されたように，触覚は必ずしも必要とは言えないのである。類似の研究として，仮想環境の中の高機能ロボットハンドを遠隔操縦によって物体の操作を教示し，5 指のロボットハンドによる多種の物体操作を模倣学習させる研究が行われた[81]。ロボットは汎化性のある操作スキル（初期状態の多様性に汎化する方策）を獲得できたが，触覚センサはロボットの入力として用いられなかった。なお，教示システムとして MuJoCo

HAPTIX システム[82]，デバイスとして CyberGlove III と HTC Vive Tracker が用いられたが，教示者に触覚情報をフィードバックする仕組みは導入されていない。文献83）では遠隔操縦による布の操作の教示が研究されたが，触覚の取得，提示は行われていない。触覚を用いた対象物や環境認識についても同様で，深度情報を含む視覚の方が認識により寄与する場面も多く，視覚の方が手軽・安定に利用できることが多い。

　筆者は，視覚を最大限に活用しつつ，真に有効な触覚の使い方を模索すべきと考える。例えば中身が不明な容器を把持する際，視覚だけでは把持力を決定するのに不十分だが，触覚（特に滑り）は把持力の決定に有効であり，文献8），14）などで実証されている。筆者らは，視覚による大まかな把持パラメータの決定と触覚による把持適応を組み合わせることで，把持学習を効率化する枠組み（より少ないサンプルでより良い把持を学習する枠組み）を研究しており，文献73）では学習なしでさまざまな柔軟物や壊れやすい物体に把持適応する方法を提案した。この際，FingerVision による高感度の滑り検知が有効であった。双腕ロボット Baxter を遠隔操縦し，バナナの皮を剥く実験では，触覚情報のフィードバックなしでは遠隔操縦が困難であることがわかった[84]。バナナの皮むきは両手による物体操作でバナナは変形するため，他方のハンドから加えられる力の予測は容易ではなく，滑りやバナナの変形の回避は困難であった。よってバナナの皮むきを自動化する際にも触覚センサは有効と考えられ，他の両手による操作でも触覚センサが有効な場面があると考えられる。

4.1　触覚と行動学習

　ロボットによる物体操作能力は，人間による物体操作能力に遠く及ばない。布や液体などの柔軟物など，解析的にモデル化が困難な物体を扱う必要があることが，原因のひとつと考えられ，強化学習などの機械学習を用いたアプローチが不可欠と考える。現状では，上記のように，触覚センシングが積極的に使われていないようだが，当たり前のように触覚が利用できれば，この状況が変わる可能性は十分にある。ただし，冒頭で述べた触覚センシングにおける課題以外にも，留意すべき点がある。

　まず，ロボットの状態として触覚が加わるため，視覚・内部状態（関節角など）のみの場合と比べて次元数が増加する。「次元の呪い」として知られるように，状態空間の増大は学習時間の指数関数的増加につながると考えられている。入力の次元数が膨大であっても，特徴量を人手で定義せずデータから学習できる深層学習と相性がよいと言えなくもないが，膨大なサンプル数が必要であり，実ロボットにおける繰り返し学習に多大なコストが要求されることは留意すべきである。また，触覚センサ特有の扱いにくさについても考慮が必要である。強化学習では対象のプロセス（ダイナミクス）がマルコフ性を満たしていることが望ましい（ある状態 x である制御 u を行った結果の状態 x'（の確率分布）は (x, u) のみで決定づけられる特性）。触覚センサにはマルコフ性を破壊する要因が少なくとも2つある。ひとつはヒステリシスであり，例えば感圧導電ゴムで，変形後の僅かな時間に形状を留めることで起こる。もうひとつは，長期使用における

センサ特性の変化である。触覚センサの耐久性の低さとも関連するが，エラストマなどセンサの構成要素の特性が変化し，センサの感度などに影響を及ぼすことで生じる。これら2つの要因のうち，後者は定期的にキャリブレーションを行うことである程度回避できる。しかし，長時間実験が必要な学習では，どのタイミングでキャリブレーションするのが適当か自明でない。以上を踏まえて，触覚センサを状態として含むシステムに対する学習アルゴリズムの構成方法を研究する必要がある。

5　オープンソース触覚センサプロジェクト

ロボットの普及元年とされる1980年から40年が経過しようとしており，ロボットのための触覚センサも同様の歴史を持つ。それにもかかわらず触覚センサが十分に普及していない現状を，我々ロボティクスの研究開発者は冷静に捉えるべきであり，産学連携のあり方も含めて，研究開発の方法を再考すべきと考える。このような背景から，筆者らは，前述した視覚ベースの触覚センサ FingerVision（触覚に加え，視覚としての機能も持つ）をオープンソースハードウェアとして開発している[85]。FingerVision の製造方法は CAD モデルや部品リストも含めてウェブ上で公開されており，誰でも参照することができる。さらに，データの処理プログラムもオープンソースとして公開されている。FingerVision を使った物体操作プログラムについても順次公開予定である。この取り組みにより，触覚センサを必要としている，あるいは使ってみたい研究開発者が，手軽に利用を開始でき，さらにオープソースという形で知見を蓄積していくことを目指している。

文　　献

1)　下条 誠：皮膚感覚の情報処理，計測と制御，**41**, 10 (2002)

2)　http://www.barrett.com/products-hand.htm

3)　http://www.willowgarage.com/pages/pr2/overview

4)　https://www.labs.righthandrobotics.com/reflexhand

5)　https://www.softroboticsinc.com/

6)　SynTouch INC https://www.syntouchinc.com/sensor-technology/

7)　下条 誠，前野 隆司，篠田 裕之，佐野明人：触覚認識メカニズムと応用技術-触覚センサ・触覚ディスプレイ-【増補版】，S&T 出版 (2014)

8)　J. M. Romano, K. Hsiao, G. Niemeyer, S. Chitta and K. J. Kuchenbecker: "Human-inspired robotic grasp control with tactile sensing", IEEE Transactions on Robotics, **27** (6), pp.1067-1079 (2011)

9) https://pressureprofile.com/applications

10) H. Iwata and S. Sugano, "Design of human symbiotic robot TWENDY-ONE," 2009 IEEE International Conference on Robotics and Automation, pp.580-586 (2009)

11) K. Kojima, T. Sato, A. Schmitz, H. Arie, H. Iwata and S. Sugano, "Sensor prediction and grasp stability evaluation for in-hand manipulation," 2013 IEEE/RSJ International Conference on Intelligent Robots and Systems, pp.2479-2484 (2013)

12) http://www.twendyone.com/

13) http://www.inaba-rubber.co.jp/products/inastomer/

14) 郡司 大輔, 荒木 拓真, 並木 明夫, 明 愛国, 下条 誠：触覚センサによる滑り検出に基づく多指ハンドの把持力制御, 日本ロボット学会誌, **25** (6), pp.970-978 (2007)

15) https://www.nicebot.jp/

16) A. Schmitz, P. Maiolino, M. Maggiali, L. Natale, G. Cannata and G. Metta, "Methods and Technologies for the Implementation of Large-Scale Robot Tactile Sensors," in IEEE Transactions on Robotics, **27** (3), pp.389-400, June (2011)

17) T. H. L. Le, P. Maiolino, F. Mastrogiovanni, G. Cannata and A. Schmitz, "A toolbox for supporting the design of large-scale capacitive tactile systems," 2011 11th IEEE-RAS International Conference on Humanoid Robots, pp.153-158 (2011)

18) Pedro Ribeiro, Mohammed Asadullah Khan, Ahmed Alfadhel, Jurgen Kosel, Fernando Franco, Susana Cardoso, Alexandre Bernardino, Alexander Schmitz, Jose Santos-Victor, and Lorenzo Jamone: "Bioinspired Ciliary Force Sensor for Robotic Platforms," in IEEE Robotics and Automation Letters, **2** (2), pp.971-976, April (2017)

19) Tenzer Y, Jentoft LP, Howe RD: The feel of MEMS barometers: inexpensive and easily customized tactile array sensors. IEEE Robotics and Automation Magazine **21** (3), pp.89-95 (2014)

20) 多田 泰徳, 細田 耕, 浅田 稔：内部に触覚受容器を持つ人間型柔軟指, 日本ロボット学会誌, **23** (4), pp.482-487 (2005)

21) Koh Hosoda, Yasunori Tada, Minoru Asada, Anthropomorphic robotic soft fingertip with randomly distributed receptors, In Robotics and Autonomous Systems, **54** (2), pp.104-109 (2006)

22) OptoForce Co., "White paper: Optical force sensors - introduction to the technology," Tech. Rep., January 2015 http://optoforce.com/

23) M. Kaboli, K. Yao, and G. Cheng, "Tactile-based manipulation of deformable objects with dynamic center of mass," in 2016 IEEE-RAS 16th International Conference on Humanoid Robots (Humanoids) (2016)

24) タッチエンス株式会社 http://www.touchence.jp/

25) ベンチャー・起業家ニュース 2016.01.07 http://www.dreamgate.gr.jp/news/4259

26) X.-D. Yang, T. Grossman, D. Wigdor, and G. Fitzmaurice, "Magic finger: Always-available input through finger instrumentation," in Proceedings of the 25th Annual ACM Symposium on User Interface Software and Technology, pp.147-156 (2012)

27) S. Begej, "Planar and finger-shaped optical tactile sensors for robotic applications," IEEE

Journal on Robotics and Automation, **4** (5), pp.472-484 (1988)

28)　H. Maekawa, K. Tanie, K. Komoriya, M. Kaneko, C. Horiguchi and T. Sugawara: "Development of a finger-shaped tactile sensor and its evaluation by active touch", Robotics and Automation, 1992. Proceedings., 1992 IEEE International Conference on, **2**, pp.1327-1334 (1992)

29)　H. Yussof, J. Wada and M. Ohka: "Sensorization of robotic hand using optical three-axis tactile sensor: Evaluation with grasping and twisting motions", Journal of Computer Science, **6** (8), pp.955-962 (2010)

30)　T. Ikai, S. Kamiya and M. Ohka: "Robot control using natural instructions via visual and tactile sensations", Journal of Computer Science, **12** (5), pp.246-254 (2016)

31)　K. Nagata, M. Ooki, and M. Kakikura, "Feature detection with an image based compliant tactile sensor," in Proceedings of IEEE/RSJ International Conference on Intelligent Robots and Systems (1999)

32)　神山 和人，梶本 裕之，稲見 昌彦，川上 直樹，舘 すすむ：触覚カメラ：弾性を持った光学式3次元触覚センサの作成，電気学会論文誌。E, センサ・マイクロマシン準部門誌，123 (1), pp.16-22 (2003)

33)　K. Kamiyama, H. Kajimoto, N. Kawakami and S. Tachi: "Evaluation of a vision-based tactile sensor", Robotics and Automation, 2004. Proceedings. ICRA '04. 2004 IEEE International Conference on, **2**, pp.1542-1547 (2004)

34)　J. Ueda, Y. Ishida, M. Kondo and T. Ogasawara: "Development of the NAIST-Hand with vision-based tactile fingertip sensor", Proceedings of the 2005 IEEE International Conference on Robotics and Automation, pp.2332-2337 (2005)

35)　Goro Obinata, Ashish Dutta, Norinao Watanabe and Nobuhiko Moriyama: Vision Based Tactile Sensor Using Transparent Elastic Fingertip for Dexterous Handling, Mobile Robots: Perception and Navigation, pp.137-148 (2007)

36)　C. Chorley, C. Melhuish, T. Pipe, and J. Rossiter, "Development of a tactile sensor based on biologically inspired edge encoding," in Advanced Robotics, 2009. ICAR 2009. International Conference on, pp.1-6 (2009)

37)　D. Hristu, N. Ferrier and R. W. Brockett: "The performance of a deformable-membrane tactile sensor: basic results on geometrically-defined tasks", Robotics and Automation, 2000. Proceedings. ICRA '00. IEEE International Conference on, **1**, pp.508-513 (2000)

38)　Y. Ito, Y. Kim, C. Nagai, and G. Obinata, "Shape sensing by vision-based tactile sensor for dexterous handling of robot hands," in 2010 IEEE International Conference on Automation Science and Engineering, pp.574--579 (2010)

39)　Y. Ito, Y. Kim and G. Obinata: "Robust slippage degree estimation based on reference update of vision-based tactile sensor", IEEE Sensors Journal, **11** (9), pp.2037-2047 (2011)

40)　T. Assaf, C. Roke, J. Rossiter, T. Pipe and C. Melhuish: "Seeing by touch: Evaluation of a soft biologically-inspired artificial fingertip in real-time active touch", Sensors, **14** (2), p. 2561 (2014)

41)　N. F. Lepora and B. Ward-Cherrier: "Superresolution with an optical tactile sensor",

Intelligent Robots and Systems (IROS), 2015 IEEE/RSJ International Conference on, pp.2686-2691 (2015)

42) R. Li, R. Platt, W. Yuan, A. ten Pas, N. Roscup, M. A. Srinivasan, and E. Adelson, "Localization and manipulation of small parts using gelsight tactile sensing," in 2014 IEEE/RSJ International Conference on Intelligent Robots and Systems, pp.3988-3993 (2014)

43) A. Yamaguchi and C. G. Atkeson: "Combining finger vision and optical tactile sensing: Reducing and handling errors while cutting vegetables", the 16th IEEE-RAS International Conference on Humanoid Robots (Humanoids' 16) (2016)

44) A. Yamaguchi and C. G. Atkeson: "Implementing tactile behaviors using FingerVision", the 17th IEEE-RAS International Conference on Humanoid Robots (Humanoids' 17) (2017)

45) R. Patel and N. Correll, "Integrated force and distance sensing using elastomer-embedded commodity proximity sensors," in Proceedings of Robotics: Science and Systems (2016)

46) G. Westling and R. S. Johansson, "Factors influencing the force control during precision grip," Experimental Brain Research, **53** (2), pp.277-284 (1984)

47) https://ja.wikipedia.org/wiki/アコースティック・エミッション

48) D. Dornfeld and C. Handy, "Slip detection using acoustic emission signal analysis," in Proceedings. 1987 IEEE International Conference on Robotics and Automation, **4** (1987)

49) M. R. Tremblay and M. R. Cutkosky: "Estimating friction using incipient slip sensing during a manipulation task", ICRA' 93 (1993)

50) R. D. Howe and M. R. Cutkosky, "Sensing skin acceleration for slip and texture perception," in Proceedings, 1989 International Conference on Robotics and Automation (1989)

51) R. Fernandez, I. Payo, A. S. Vazquez, and J. Becedas, "Micro-vibration-based slip detection in tactile force sensors," Sensors, **14** (1), pp.709-730 (2014)

52) R. Fernandez, I. Payo, A. S. Vazquez, and J. Becedas, Slip Detection in Robotic Hands with Flexible Parts. Cham: Springer International Publishing (2014)

53) A. A. S. Al-Shanoon, S. A. Ahmad, and M. K. b. Hassan, "Slip detection with accelerometer and tactile sensors in a robotic hand model," IOP Conference Series: Materials Science and Engineering, **99** (1) (2015)

54) R. Fernandez, I. Payo, A. S. Vazquez, and J. Becedas, Slip Detection in a Novel Tactile Force Sensor. Cham: Springer International Publishing (2016)

55) C. Melchiorri, "Slip detection and control using tactile and force sensors," IEEE/ASME Transactions on Mechatronics, vol. **5** (3), pp.235-243 (2000)

56) W. Yuan, R. Li, M. A. Srinivasan, and E. H. Adelson, "Measurement of shear and slip with a GelSight tactile sensor," in 2015 IEEE International Conference on Robotics and Automation (ICRA) (2015)

57) E. G. M. Holweg, H. Hoeve, W. Jongkind, L. Marconi, C. Melchiorri, and C. Bonivento, "Slip

detection by tactile sensors: algorithms and experimental results," in Proceedings of IEEE International Conference on Robotics and Automation, **vol. 4**（1996）

58)　N. Tsujiuchi, T. Koizumi, A. Ito, H. Oshima, Y. Nojiri, Y. Tsuchiya, and S. Kurogi, "Slip detection with distributed-type tactile sensor," in 2004 IEEE/RSJ International Conference on Intelligent Robots and Systems (IROS), vol. 1 (2004)

59)　D. Gunji, Y. Mizoguchi, S. Teshigawara, A. Ming, A. Namiki, M. Ishikawa, and M. Shimojo: "Grasping force control of multi-fingered robot hand based on slip detection using tactile sensor", ICRA' 08 (2008)

60)　V. A. Ho, T. Nagatani, A. Noda, and S. Hirai, "What can be inferred from a tactile arrayed sensor in autonomous in-hand manipulation?" in 2012 IEEE International Conference on Automation Science and Engineering (2012)

61)　T. Hasegawa and K. Honda, "Detection and measurement of fingertip slip in multi-fingered precision manipulation with rolling contact," in Conference Documentation International Conference on Multisensor Fusion and Integration for Intelligent Systems (2001)

62)　R. Johansson, G. Loeb, N. Wettels, D. Popovic, and V. Santos, "Biomimetic tactile sensor for control of grip," Feb 2011, US Patent **7**, 878, 075

63)　J. Reinecke, A. Dietrich, F. Schmidt, and M. Chalon, "Experimental comparison of slip detection strategies by tactile sensing with the BioTac on the DLR hand arm system," in 2014 IEEE International Conference on Robotics and Automation (2014)

64)　Z. Su, K. Hausman, Y. Chebotar, A. Molchanov, G. E. Loeb, G. S. Sukhatme, and S. Schaal, "Force estimation and slip detection/classification for grip control using a biomimetic tactile sensor," in 2015 IEEE-RAS 15th International Conference on Humanoid Robots (2015)

65)　M. Tada, M. Imai, and T. Ogasawara, "Development of simultaneous measurement system of incipient slip and grip/load force," in Proceedings of 9th IEEE International Workshop on Robot and Human Interactive Communication (2000)

66)　A. Ikeda, Y. Kurita, J. Ueda, Y. Matsumoto and T. Ogasawara: "Grip force control for an elastic finger using vision-based incipient slip feedback", IROS' 04 (2004)

67)　S. C. Abdullah, J. Wada, M. Ohka, and H. Yussof, "Object exploration using a three-axis tactile sensing information," Journal of Computer Science, **7** (4), pp.499-504 (2011)

68)　Wenzhen Yuan, Yuchen Mo, Shaoxiong Wang, and Edward H. Adelson: Active Clothing Material Perception using Tactile Sensing and Deep Learning, ArXiv e-prints, arXiv:1711.00574v1 (2017)

69)　Jeremy Fishel and Gerald Loeb: Bayesian Exploration for Intelligent Identification of Textures, Frontiers in Neurorobotics, **6** (2012)

70)　Mohsen Kaboli, Armando De La Rosa T, Rich Walker, and Gordon Cheng: In-Hand Object Recognition via Texture Properties with Robotic Hands, Artificial Skin, and Novel Tactile Descriptors, 2015 IEEE-RAS 15th International Conference on Humanoid Robots (Humanoids) (2015)

71)　Shan Luo, Joao Bimbo, Ravinder Dahiya and Hongbin Liu: Robotic Tactile Perception of Object Properties: A Review, ArXiv e-prints, arXiv:1711.03810v1 (2017)

72)　Johansson, Roland S. and Flanagan, J. Randall: Coding and use of tactile signals from the fingertips in object manipulation tasks, Nature Reviews Neuroscience, **10**, 345 (2009)

73)　A. Yamaguchi and C. G. Atkeson: "Grasp adaptation control with finger vision: Verification with deformable and fragile objects", the 35th Annual Conference of the Robotics Society of Japan (RSJ2017), p.1L3-01 (2017)

74)　Karol Hausman, Yevgen Chebotar, Oliver Kroemer, Gaurav S. Sukhatme and Stefan Schaal. "Regrasping using Tactile Perception and Supervised Policy Learning". In AAAI Symposium on Interactive Multi-Sensory Object Perception for Embodied Agents (AAAI), Mar (2017)

75)　L. Cramphorn, B. Ward-Cherrier, and N. F. Lepora, "Tactile manipulation with biomimetic active touch," in 2016 IEEE International Conference on Robotics and Automation (ICRA), pp.123-129 (2016)

76)　H. van Hoof, T. Hermans, G. Neumann and J. Peters, "Learning robot in-hand manipulation with tactile features," 2015 IEEE-RAS 15th International Conference on Humanoid Robots (Humanoids), pp.121-127 (2015)

77)　R. B. Hellman, C. Tekin, M. v. d. Schaar and V. J. Santos, "Functional Contour-following via Haptic Perception and Reinforcement Learning," in IEEE Transactions on Haptics, vol. PP, no. 99 (2017)

78)　I. Lenz, H. Lee, and A. Saxena, "Deep learning for detecting robotic grasps," The International Journal of Robotics Research, **34** (4-5), pp.705-724 (2015)

79)　L. J. Pinto and A. Gupta, "Supersizing self-supervision: Learning to grasp from 50k tries and 700 robot hours," in the IEEE International Conference on Robotics and Automation (ICRA' 16) (2016)

80)　S. Levine, P. Pastor, A. Krizhevsky, J. Ibarz, and D. Quillen, "Learning hand-eye coordination for robotic grasping with deep learning and large-scale data collection," The International Journal of Robotics Research (2017)

81)　A. Rajeswaran, V. Kumar, A. Gupta, J. Schulman, E. Todorov and S. Levine: "Learning complex dexterous manipulation with deep reinforcement learning and demonstrations", ArXiv e-prints, arXiv:1709.10087 (2017)

82)　V. Kumar and E. Todorov: "Mujoco haptix: A virtual reality system for hand manipulation", 2015 IEEE-RAS 15th International Conference on Humanoid Robots (Humanoids), pp.657-663 (2015)

83)　P. C. Yang, K. Sasaki, K. Suzuki, K. Kase, S. Sugano and T. Ogata: "Repeatable folding task by humanoid robot worker using deep learning", IEEE Robotics and Automation Letters, **2** (2), pp.397-403 (2017)

84)　A. Yamaguchi: "Baxter peels banana", https://youtu.be/rEeixPBd3hc

85)　A. Yamaguchi: "FingerVision", http://akihikoy.net/p/fv.html

第8章 感覚代行

近井 学*1, 井野秀一*2

1 はじめに

近年,スマートフォンに代表されるように小型化・高性能化し,これらの端末を使用する人々は普段の生活に必要な情報を容易に得ることが可能になった。これらの技術革新では,高齢の人たちや視覚や聴覚に障害がある人たちの生活上必要となる映像や音声による情報を提示するという目的に対して,さまざまな研究開発が進められ,視覚や聴覚に障害があっても,他の感覚を用いて失われた感覚の情報を代行して提示する技術(以下,感覚代行技術と記す)の実現が進んでいる。また,厚生労働省の2008年の調査によると,日本国内において視覚に障害がある人は30万人程度,聴覚に障害がある人は28万人程度といわれており[1],すべての人たちが不自由なく周囲の環境情報や音声情報の可視化情報などを得ることを目指した情報バリアフリーへの社会的関心は高まっている。

本章では,高齢の人たちや視覚や聴覚に障害がある人たちのQuality of Life(QoL)を維持・向上するための研究や福祉技術の歴史的背景などを紹介する。そして最後に,感覚代行技術を含めた福祉技術についての今後の展望について述べる。

2 感覚代行研究の歴史

現在,国内外で視覚や聴覚に障害がある人たちに対する福祉技術に関する研究が幅広く行われている。この技術が発達した歴史的背景として,1950年代から徐々に視覚や聴覚に障害がある人たちの感覚機能を補う手法としての研究開発が進んできた。過去には,後述する視覚代行機器や聴覚代行機器が開発されてきている。これらの技術の中で,触覚に着目した技術開発が多いが,この点について,「代行器は選ばれた障害者のためのものであってはならない。多くの障害者が過度の負担を感じることなく利用することができる機器開発を目指さなければならない。」[2]と記している。現在でも多くの福祉技術やリハビリテーションのための触覚研究が展開されてきている[3]。日本国内でも,1950年代から徐々に感覚代行技術に関する研究が行われており,国内外の複数の著者らによる感覚代行技術の解説論文[4~6]が工学系や認知科学系のジャーナルに掲載されている。

＊1 Manabu Chikai （国研）産業技術総合研究所 人間情報研究部門
＊2 Shuichi Ino （国研）産業技術総合研究所 人間情報研究部門

また，日本国内で，感覚代行に関する研究について議論を行う場として，1975年に感覚代行研究会が結成された。この研究会では，毎年12月上旬に感覚代行シンポジウムを開催しており，電子情報通信学会福祉情報工学研究会と共に最新の感覚代行研究の成果が発表されている。

3　視覚に障害がある人たちへの福祉技術（視覚の代行技術）

普段の生活において視覚情報を他感覚で代行して情報を提示する方法の中で馴染み深い福祉技術ものに点字がある。点字は，文字情報を触覚で代行する方法である。点字の起源は1600年代のフランス革命まで遡り，当時の用途としては大砲に発火させる指示を与える際に，音声情報を用いずに行う方法として利用されていたといわれている。この方法を1850年頃にBrailleが現在の点字の形状である横2つ×縦3つで構成されている6点式点字を開発し，現在も広く活用されている。点字に関する研究は広く行われており，例えば認識率を向上させることを目指し，点字の読みやすさに着目した研究では点字の間隔が変化した場合の読解がどのように変化するかという基礎的知見[7]を得ている。また，近年では，点字を印刷することに留まらず，電子部品を用いて点字ディスプレイを開発する取り組みも行われている。一例として，ピエゾ素子を用いて点字使用者のスキルに合わせて使用性を変化させることが可能な触覚点字ディスプレイ[8]や，点字ディスプレイの電子化・Bluetoothを用いてのワイヤレス通信を可能とし，一つのデバイスを用いることで点字を印字することなく使用することが可能となるデバイス[9]などの開発が進められている。

また，点字と同様に視覚に障害がある人たちが生活環境内において使用する製品などを簡便に利用するためのアクセシブルデザインなどの研究も広く行われている。その一例として，製品の操作性向上に関する凸バーや凸点が挙げられる。これは，普段使用する製品などに付加しておくことで，視覚に障害がある人たちが触覚を介して製品を認識することが可能となり，さらに簡便に利用することができるとし，日本工業規格（JIS）や国際規格（ISO）により規格化されている。これらの識別性の基礎的知見を得た研究[10]についても広く行われており，製品の使いやすさの向上なども図られている。このように，普段の生活において使用している点字や凸バー・凸点といったものは，視覚に障害がある人たちが触覚を用いて把握することができることから，現在でもこれらの利便性を向上させるための研究が広く進められている。

次に，視覚に障害がある人たちが書籍などを読む際に活用するデバイスについて説明する。これらのデバイスでは，主に触覚を用いて使用者に情報をフィードバックしている。特に触覚における視覚代行技術は1960年代から研究開発が進められており，実社会においても活用されている。その一例として，米国で開発されたOPTACON（Optical to tactile converter）[11]がある。OPTACONは，視覚に障害がある人たちが原稿の文字情報を取得するためのデバイスである。具体的には，本デバイスの小型のカメラを使用して原稿をスキャンすることで，振動子が手指へ文字の形状を再現するものである。この装置は，当時の視覚代行装置として広く普及し，1970

年代には後継機種である，OPTACON II も販売された。さらに，触覚刺激パターン情報を用い
て背中に輪郭を提示するデバイスである TVSS（Tactile vision substitution system）[12,13] が開発
された。この装置は，動画像を撮影するカメラを用いて対象物を撮影すると，その対象物の輪郭
を使用者の背中に触覚刺激により提示することができるものである。この触覚刺激の提示部は，
400 点（20 × 20）のアレイ状に配置されており，これにより使用者はモニタに表示されている
文字などの対象物を認識するという試みであった。日本国内での研究動向として，1960 年代か
ら研究が進められており，例えば，文字情報を取得するセンサにフォトダイオードをアレイ状に
配置し，これによりスキャンした文字データを音声により提示することが可能なデバイス[14] が開
発されている。このように，視覚に障害がある人たちが書籍などを読解する際の文字認識に関す
る基礎的な実験やデバイス開発が進められていることから，現在のパーソナルコンピュータなど
を用いた装置などの応用研究に活かされている。

　また，近年では，上述のようなアレイ状に配置された複数のピンにより構成された触覚ピン
ディスプレイを用いた研究が発展している。その一つに，視覚に障害がある人たちに対して図表
を適切に伝達する触覚ピンディスプレイと 6 軸力覚センサを組合せ，ユーザがディスプレイに触
れている場所を自由に操作可能にするための触覚入出力操作が実現している（図1）。このディ
スプレイは，従来のものと比べてユーザがディスプレイを直接操作し，ディスプレイ上にてク
リックやスクロールが可能となり，そして音声情報も付加する触覚ピンディスプレイの開発がな
されている[15]。このシステムにより，視覚に障害がある人たちが触覚ピンディスプレイを用いて
図表を把握する際に，自由に拡大・縮小することができることや，地図などの大きな図を手元で
把握することが可能となった。このように，アレイ状に配置された複数の触覚提示用ピンにより
構成された触覚ディスプレイは，視覚に障害がある人たちにとって重要な情報入出力デバイスに
なると期待される。

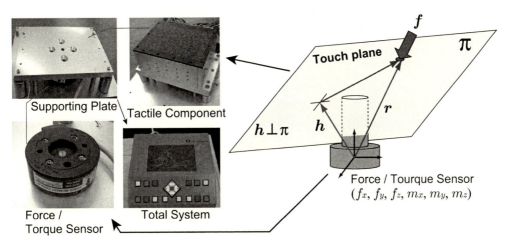

図1　ピンディスプレイと6軸力センサを組合せたインタラクティブ型触覚情報デバイス

　さらに，振動刺激と情報通信端末を用いての会話の状態を的確に伝達するための手法に関する基礎的検討[16]も進められている。これらの研究に加え，視覚に障害がある人たちに対して，地図情報を効果的に提示するための研究[17]が行われている。近年では，視覚に障害がある人たちがウェブで検索をする際の対象物の検索のしにくさを解消するための力覚誘導による位置の提示デバイスに関する研究[18]も進められている。加えて，視覚に障害がある人たちが空間情報を容易に取得することができるような点字・触知案内図を高精細に作成する技術の開発[19]が進められている（図2）。現在の点字印刷技術の課題として，点字や触知案内図用のインクの盛り上がりが不十分であることや，墨字のにじみなどが指摘されており，この課題を解消する必要があった。この課題を解消するための新たな印刷方法を提案しており[20]，この技術の実用化と社会への普及が期待されている。この技術が将来的に発展することで，視覚に障害がある人たちにとっての情報提示が容易になり，公共機関や教育機関などにおける細かな構内情報などをわかりやすく示すことができ，モビリティ環境の観点からもユーザフレンドリーなバリアフリー技術になることが期待される。

　他方，近年では視覚に障害がある人たちが社会で活動するための白杖に関する研究についても盛んに行われている。例えば，使用者が白杖を用いて物体を認知する際の対象認知のメカニズムを解明するための心理物理実験を行い，その基礎特性を解明する研究[21]や，白杖の物性に着目し，ユーザ側の意見である折れやすさを解消した新しい白杖の開発[22]など人間計測を踏まえた機器設計が行われている。さらに，国外でも白杖の研究が進められており，例えば超音波センサを用いて進行方向の障害物をセンシングし，物体を検知した場合に振動モータを用いて振動刺激を

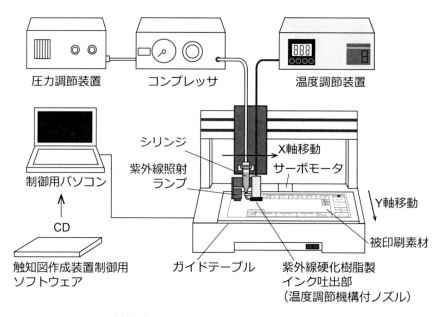

図2　高精細化を目指した点字・触知案内図作成装置の構成

提示し，使用者に知らせるデバイスが開発されている[23]。加えて，視覚に後天的に不自由が生じた場合，白杖を用いて社会に復帰することになるが，ユーザは恐怖を感じることがあることから，環境音の音響特性を計測し，仮想空間で訓練が可能な広範囲聴覚空間認知訓練システム[24]が開発されている。このシステムは，ユーザを補助するというものではなく，教育・訓練を行うという意味合いが強く，視覚障害ユーザの社会復帰に非常に効果的である。近年では，このシステムに関連した研究プロジェクト[25]として，現在急速に発展している小型情報通信端末（スマートフォンなど）を利用した情報アクセシビリティ技術の開発が行われている。具体的には，視覚に障害がある人たち自身の小型情報通信端末が，歩行時における移動時に必要となるさまざまな情報（障害物や周辺の状況など）を自動で収集・クラウドへ蓄積することで，他の人たちに情報共有できるナビゲーションシステムである（図3）。このシステムの特徴として，視覚に障害がある人たちへの情報支援技術としてのこのような取り組みは行われていなくても，また現状で行われているボランティアと同伴して情報収集を行っていたものが人数に制約されていても新しい情報収集の形をスマートに実現することができるといった現場対応の利点を持っている。このように，視覚に障害がある人たちが外環境の情報を得るための補助機器に関する基礎的な研究や訓練のためのシステム開発などが進んでおり，周囲の環境知覚のための機器開発にも生かされている。

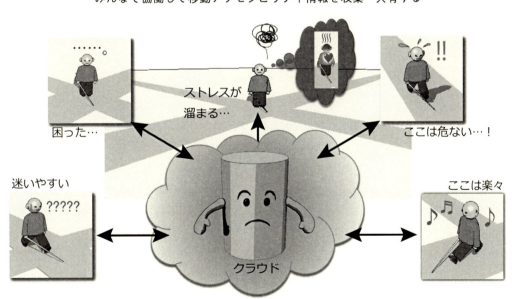

図3　移動アクセシビリティ情報協働クラウドを用いた視覚障害者移動支援システムの概要

　そして，視覚に障害がある人たちへの聴覚を用いた情報アクセシビリティ技術に関しての研究の一例として，情報提示時における聴覚刺激（音声情報）の最適な速度や言語を認識することができる最高な速度に関する基礎的な検討[26]についても行われている。この実験によると，視覚に障害がある人たちは普段使用しているパーソナルコンピュータで利用可能な音声合成エンジンで出力可能な音声速度において認識が可能であるという結果を得ており，現在の視覚情報の聴覚代行技術に関する基礎的な知見となっている。

　以上のように，視覚の代行技術は，点字をはじめとして触覚デバイスでの刺激提示など，多くの機器が開発されてきている。さらに，視覚に障害がある人たちに対しての福祉技術としての白杖の利用についての研究や，聴覚を用いた代行技術などが幅広く行われている。

4　聴覚に障害がある人たちへの福祉技術（聴覚の代行技術）

　はじめに，普段の生活において聴覚情報を他感覚で代行して情報を提示する方法の中で馴染み深い福祉技術に字幕（文字多重放送）[27]がある。世界では 1974 年に開始され，日本では 1983 年に開始されたといわれている。この字幕で表示する文字数や行数，文字色などは ISO にて規格化されている。この文字色に関する研究の一例として，講義など，その場面において重要な単語（キーワード）の文字色を特徴付けるという試みも始まっている。これまでの字幕提示では文字色や背景色が単一になっていることが多く，どの単語が重要であるかが不明瞭であることが多かった。また，テレビジョンなどの映像を提供する分野では，現在では話者の違いによって文字色が変わっているが，これまでは文字色には着目されていなかった。近年，この文字色に関して，背景色との明度差による識別の違いに着目している研究や，キーワードを明示的に示す配色に関する研究[28]などが行われている。この取り組みなどのように字幕の文字色についての配慮がなされていることから，映像を提供する分野において重要な知見になることが期待される。

　次に，触覚による聴覚代行技術として，音声情報を振動刺激に変換して伝えるデバイスとして，触知ボコーダ[29]がある。このデバイスは，音声をリアルタイムで周波数分解し，16 列に並んだ振動子を通じて，これらの情報を空間的な振動パターンとして手指に提示するものである（図 4）。具体的には，このデバイスでの音声変換では，音の高低を振動の呈示部位に対応させ，音の強度を振動の強度情報に対応させる方法により，使用者に対して効果的な情報提示を可能としている。現在このデバイスは，手話や読話と併用し，アクセントやピッチの変化などを提示する補助装置として使用されている。

　さらに，聴覚に障害がある人たちに対する情報通信での支援技術についても研究[30]が行われている。日本国内の取り組みの一例として，公共の場や学校の講義などで講演者や教員の音声をリアルタイムで文字化するための音声同時字幕システム[31]は，聴覚に障害がある人たちが講義や会議での発言の様子を容易に知ることを可能とした。このシステムでは，講演者が発言をすると，同時通訳者や復唱者を介して音声認識を行い，この情報に基づいて講演者の発言を字幕データに

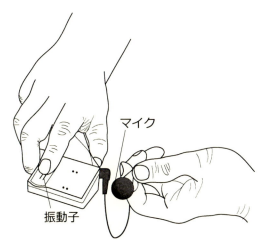

マイク

振動子

図4　音声情報を振動刺激に変換して伝えるための聴覚代行デバイス（触知ボコーダ）

変換することで，聴覚情報を視覚情報に変換することが可能である（図5）。

　さらに，近年では，ネットワーク網の普及により，遠隔者らの作業による情報保障の取り組みが始まっている[32,33]。現状，聴覚に障害がある人たちへの情報保障では，公共の場や学校の講義などで手話通訳や文字通訳が行われていたが，この通訳を担当する人たちがその現場で作業をする必要があり，人材の確保が課題として挙げられていた。この課題を解消するため，近年話題となっているテレワークによる遠隔での支援が可能となっている（図6）。この技術が実現したことで，通訳者が在宅で作業をすることができるようになったこと，遠隔地などで情報保障が容易になったことが利点として挙げられ，この技術の発展による更なる情報バリアフリーの実現が期待される。

　他方，教育現場に関しての取り組みも盛んに行われている。欧米での取り組みについての一例として，NET4VOICE[34]がある。この取り組みは，3つの高等教育機関と2つの高等学校によるプロジェクトであり，公共機関や講義，さらに会議などでの聴覚情報を視覚情報で代行して伝える技術の構築を行っている。また，国内の研究動行として，講義においてコンピュータ操作を学生に教示するためのグラフィックデザイン作成用ソフトウェア操作の補助システム[35]では，視覚情報により操作方法を補完することが可能となっており，教育現場での感覚代行技術も発達しつつある。加えて，聴覚情報に代行して視覚情報で提示する場合における，情報保障における文章表示法に関しての基礎的検討[36]が行われている。

　以上のように，聴覚の代行技術は，聴覚情報を触覚により代行するデバイスなどの開発が進んでいる。さらに，視覚に障害がある人たちに対しての会議や講義といった聴覚情報が必要な場面における視覚での代行技術などが国内外で広く普及し，実際に運用されている。

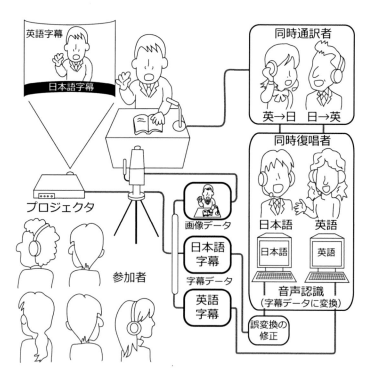

図5　多言語に対応した音声同時字幕システムの構成

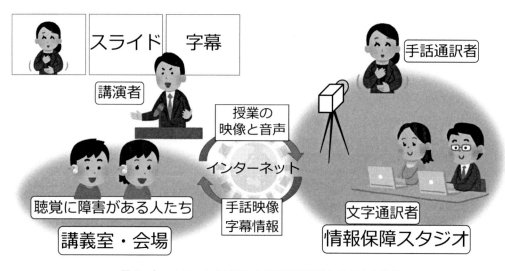

図6　ネットワークを活用した遠隔情報保障システムの構成

5　楽しみを分かちあう福祉技術

　近年，視覚や聴覚に障害がある人たちや加齢により見えにくい・聞きにくいことが起こりやすい高齢者の人たちを含め，誰もが情報を取得することができる情報バリアフリーに対する関心が高まっている。特に，映像を提供する分野においてはこの課題に対して以前から取り組み[37,38]がなされており，また，日本工業規格（JIS）の「高齢者・障害者等配慮設計指針−情報通信における機器，ソフトウェア及びサービス」では規格化がなされている（2016 年には本指針と対応する国際規格（ISO）と一致させるために JIS 規格を一部改正）。このように，誰もが偏りなく情報取得が可能となるような規格の整備なども整いつつある。

　そして，視覚や聴覚に障害がある人たちと一緒に楽しめる映画を作る取り組みの一つにバリアフリー映画[39]がある。この映画のコンセプトは，映像中の日本語字幕に対して，通常の台詞や状況を説明する字幕に加え，これまで表現されることのなかった音楽や効果音などの情報を盛り込むことにより，その場面に付加した感性的情報を伝えることを目指している。さらに，その台詞の表示方法にも工夫し，画面に映し出されていない登場人物の台詞がわかりやすくなるという点についても考慮されている。加えて，副音声のデザインについては，活動弁士の方々の協力による，映像中のわずかな状況の変化などについても，随所に解説を入れるなど，視覚に障害がある人たちが楽しめるような工夫が凝らされている。さらに，視覚と聴覚に障害がある人たちに対してのバリアフリー映画[40]に対しての取り組みも始まっている。

　このようなバリアフリー映画に関する研究は近年広がりを見せており，その中でも聴覚に障害がある人たちに対しての字幕提示に関しての取り組み[41]，そして視覚に障害がある人たちに対しての音声合成に関しての取り組みが行われている。前者として，現在の字幕提示技術は，映像と同期し，音声で読み上げられたものを文字化し，適切な速度や適切な行数で示されているが，聴覚に障害がある人たちは，視覚により情報を得ていることから，字幕を見落とすことで，映像に対しての追従ができないという状況が生まれている。この課題を解決するため，字幕の見直し動作を行うことができるようなシステムの開発が進んでいる。このシステムでは，映画や映像鑑賞中に操作ができることを想定し，HMDC（Head Mounted Display）を用いた字幕提示システムを導入し，映像鑑賞を妨げずに適切に情報を提示することを目指している。次に後者として，音声合成の取り組みでは，効果的な音声ガイドによる情報の提示を目指し，映画や映像鑑賞中に流れる本編の音声と同期提示される音声ガイドなどとの話速の違いや音質の合成音声などを使用するといったことによる，ユーザの認識の向上などが図られている。

　さらに，東京オリンピック・パラリンピック 2020 でのスポーツへの意識向上のため，視覚に障害がある人たちが楽しめるような情報保障に関しての取り組みも始まっている。その一つに，視覚に障害がある人たちがボウリングを楽しめるためのシステムが開発されている[42]。ボウリングは，レーンに用意された 10 本のピンを狙ってプレイヤーがボールを転がし，倒したピンによって点数が決まるという競技である。この競技では，残ったピンの場所やその状況をプレイ

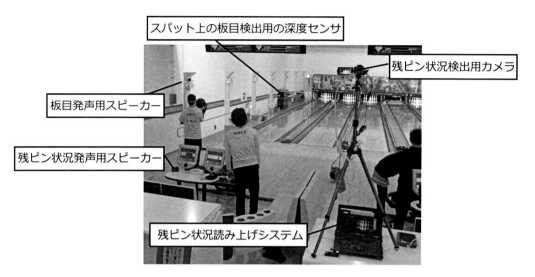

図7　ボウリング競技中における聴覚情報を用いた視覚支援技術の運用

ヤーが目視で確認し，ボールの回転や速度などを調整してできるだけ多くのピンを倒すことが得点を上げるポイントである。一方，視覚に障害がある人たちは，ボウリングにおいてピンの場所やその状況などを把握することが難しく，この競技を楽しむことが難しいといわれていた。そこで，ボウリング競技中におけるピンの状況をセンシングし，音声により適切に伝えるためのシステムが開発されている。このシステムでは，情報の提示に着目しており，そのピンの状況をよりわかりやすく伝えるような工夫がなされていることで，競技人口の増加が期待される。

　以上のように，視覚や聴覚に障害がある人たちに対しての情報バリアフリーに着目した映像の提供やアミューズメントなどで，障害がある人たちが自由に娯楽を楽しめるような技術の開発が現在も継続して進められている。今後，さらなる発展が期待される。

6　おわりに

　本章では，すべての人たちが不自由なく周囲の環境情報や音声情報の可視化情報などを得ることを目指した情報バリアフリーを目指した研究開発の経緯などを説明し，これまでの感覚代行技術を概説した。上述した通り，感覚代行に関する研究では，基礎研究から装置開発，そして実社会への展開と，発展的に行われている。そして近年では，映画やスポーツなどに関しても福祉技術が多数行われており，視覚や聴覚に障害がある人たちが楽しく日々を過ごすことができるような技術的支援についても注目されてきている。これらの技術開発を通じて，将来的には，老若男女問わず，情報を共有し，豊かなコミュニティを形成できる世の中となるような，感覚代行研究が展開していくことを期待したい。

文　　献

1) 厚生労働省社会・援護局障害保健福祉部企画課, 平成 18 年身体障害児・者実態調査 (2008)
2) 和気, 人間工学, **24 (3)**, 137-142 (1988)
3) 井野, *Journal of Clinical Rehabilitation*, **19 (8)**, 710 -714 (2010)
4) 舘, 計測と制御, **20 (12)**, 1113-1121 (1981)
5) 関, 電子情報通信学会, **85 (4)**, 241-244 (2002)
6) P. Bach-y-Rita and S. W. Kercel, *TRENDS in Cognitive Sciences*, **7 (12)**, 541-546 (2003)
7) 渡辺, 他, 電子情報通信学会論文誌 (D), J94-D (1), 191-198 (2011)
8) P. M. Ros *et al., Frontiers in Neuroengineering*, **7 (6)**, 1-13 (2014)
9) F. Basciftci and A. Eldem, *Displays*, **41**, 33-41 (2016)
10) 豊田, 他, 電子情報通信学会論文誌 (D), J94-D (4), 694-701 (2011)
11) J. G. Linvill and J. C. Bliss, *Proceedings of IEEE*, **54 (1)**, 40-51 (1966)
12) P. Bach-y-Rita *et al., American Journal of Optometry and Archives of American Academy of Optometry*, **46**, 109-111 (1969)
13) C. C. Collins, *IEEE Transactions on Man-Machine Systems*, **11 (1)**, 65-71 (1970)
14) 篠原, 日本音響学会誌, **43 (5)**, 336-343 (1987)
15) S. Shimada *et al., Proceedings of International Conference on Computers Helping People with Special Needs* (*ICCHP 2006*), 1039-1046 (2006)
16) 坂井, 他, 映像情報メディア学会誌, **55 (11)**, 1506-1514 (2001)
17) 渡辺, 他, 電子情報通信学会論文誌 (D), J94-D (10), 1652-1663 (2011)
18) 坂井, 他, 電子情報通信学会論文誌 (D), DOI：10.14923/transinfj.2017JDP7075 (2017)
19) 土井, 他, 日本機械学会論文集, **81 (831)**, 15-00381 (2015)
20) 国立特別支援教育総合研究所研究成果報告書, 特教研 G-19 (2009)
21) K. Nunokawa *et al., Journal of Advanced Computational Intelligence and Intelligent Informatics*, **22 (1)**, 121-132 (2018)
22) 土井, 他, 日本感性工学会論文誌, **13 (2)**, 333-339 (2014)
23) K. J. Kuchenbecker and Y. Wang, *Proceedings of Haptics Symposium* (*HAPTICS*) *2012*, 527-532 (2012) 0
24) Y. Seki and T. Sato, *IEEE Transactions on Neural Systems and Rehabilitation Engineering*, **19 (1)**, 95-104 (2011)
25) 多世代共創による視覚障害者移動支援システムの開発, https://staff.aist.go.jp/yoshikazu-seki/work/ma-j.html
26) 浅川, 他, ヒューマンインタフェース学会誌, **7 (1)**, 105-111 (2005)
27) A. F. Newell, *IEEE Transaction on Electronics and Power*, **28 (3)**, 263-266 (1982)
28) 渡邉, 加藤, 筑波技術大学テクノレポート, **18 (2)**, 1-6 (2011)
29) 和田ほか, 電子情報通信学会論文誌 (A), J78-A (3), 305-313 (1995)
30) M. Hilzensauer, *Intelligent Paradigms for Assistive and Preventive Healthcare Studies in Computational Intelligence*, **19**, 183-206 (2006)
31) 井野, 日本バーチャルリアリティ学会誌, **8 (2)**, 70-75 (2003)

32) 若月ほか，電子情報通信学会技術研究報告，**114 (217)**, 69-74 (2014)

33) D. Wakatsuki *et al.*, *Journal of Advanced Computational Intelligence and Intelligent Informatics*, **21 (2)**, 310-320 (2017)

34) NET4Voice, http://www.net4voice.eu/net4voice/Pages/Project.aspx

35) 鈴木ほか，電子情報通信学会論文誌（D），J97-D (1), 108-116 (2014)

36) 中山，人間工学，**36 (2)**, 81-89 (2000)

37) 都築，放送教育開発センター研究紀要，11, 155-171 (1994)

38) 坂井，今井，映像情報メディア学会誌，**64 (7)**, 940-944 (2010)

39) 平成21年度障害者保健福祉推進事業 (2009)

40) S. Nakajima *et al.*, *Journal of Advanced Computational Intelligence and Intelligent Informatics*, **21 (2)**, 350-358 (2017)

41) S. Nakajima *et al.*, *Proceedings of International Conference on Computers for Handicapped Persons* (*ICCHP 2014*), 13-16 (2014)

42) M. Kobayashi, *Journal of Advanced Computational Intelligence and Intelligent Informatics*, **21 (1)**, 119-124 (2017)

第IV編
感覚を重視したものづくり・ことづくり
～生活環境設計からロボットまで～

第9章　繊維製品における心地良さの計測技術

石丸園子*

1　はじめに

　心地良いと感じることができる商品を効率的・効果的に開発するためには，快・不快につながる感覚を数値化する技術を構築することが必要である。耐久性，取り扱い性という基本品質は，JIS，ISO などにより統一された方法で評価することができる。しかし，「心地良さ」の評価法については統一された計測・評価法が少ない。その理由の一つは，「心地良さ」はあいまいな感覚用語で表現されることが多く，数値化することが難しいためである。

　以下，心地良いと感じることができる商品の開発手法について紹介する。

2　心地良いと感じられる商品の開発手法

　「心地良さ」には色々な要因が含まれるが，繊維製品において特に重要なのは，熱・水分特性，圧力特性，肌触りの3要因であると言われている。熱・水分特性は，むれ感，ぬれ感，べたつき感，暑い，寒いなど，圧力特性は，しめつけ感，フィット感，窮屈など，肌触りは，サラサラ感，しっとり感，ぬめり感，ソフト感，ふんわり感，シャリ感など，多くの感覚用語で表現される。心地よい商品を開発する過程において，多数の商品を相対的に比較評価する必要がある。以下に心地良い商品を効率的・効果的に開発する基本的なプロセスを示す[1]。

① 　商品コンセプトの設定：対象とする感覚，対象とする心地良さの具体的内容（想定場面，対象者など）を的確に把握する。ここでは主観評価が主体となる。

② 　機器評価法の構築：対象とする感覚を実用に近い方法で数値化する機器計測技術を構築する。①，②の段階で，開発の目標を明らかにする。

③ 　試作・評価による製品設計：上述②の技術を活用し，試作・評価を繰り返し，製品設計に取り組む。

④ 　効果の確認：開発した商品の心地良さを実感・体感できるか，実際に商品を用いて検証する。

　②の感覚を機器により数値化する技術を「感覚計測技術」と呼ぶ。この技術により，心地良さを数値化することができ多数の商品を相対的に評価することが可能になる。この感覚計測技術を

＊　Sonoko Ishimaru　東洋紡㈱　コーポレートコミュニケーション部　IRグループ
　　マネジャー

構築するときに重要になるのは，感覚を引き起こす物理現象を捉え，その現象そのものを測る方法にすることである。感覚は，1つの感覚に対し，複数の材料特性が寄与することが多いので，商品の個々の材料特性に着目するのではなく，実使用に近い方法とすることが望ましい。構築した感覚計測技術を用いてさまざまな試料を評価することにより，対象とする感覚に対する個々の材料特性の寄与度を明確にすることができる。

以上のプロセスをとることで，効率的・効果的な商品開発が可能になる。

3　熱・水分特性に関する心地良さの数値化

夏季，汗をかいてむれ感を感じ不快になることが多い。このむれ感は，衣服内（肌と衣服の間の微少空間）の絶対湿度が高くなると感じると言われている[2,3]。衣服や自動車などにおいて，むれ感を低減することが求められており，ここでは，カーシート着座時のむれ感の数値化技術について紹介する。

夏に戸外に駐車した自動車の車室内は50℃以上になる。その車室内に乗り込みエアコンをかけてもしばらくは暑く蒸れて不快である。そのような場面を想定し，戸外想定の環境32℃，70％RHから車室内想定の50℃20％RH環境に人が移動し，カーシート着座後に環境温度を30分間で22℃まで下げる条件とし，その過程での衣服内温湿度を計測するプロトコルを設定した。

まず，被験者実験により3種類のカーシートを評価し，カーシート2はカーシート1，カーシート3に対し，むれ感（乾湿感）が低く（図1），衣服内絶対湿度も低い結果を得た（図2）。同様の条件下で，皮膚温と発汗量を制御することができる等身大の発汗マネキン（図3）を用いて実験し，図4に示すようにシート2の衣服内絶対湿度が速やかに低下し，人の衣服内絶対湿度

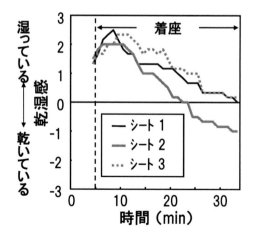

図1　カーシート着座時の乾湿感

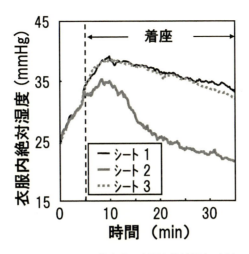

図2　カーシート着座時の衣服内絶対湿度（人）

図3　発汗マネキン

と同様の傾向を示した。したがって，発汗マネキンを用いて衣服内絶対湿度を計測することにより，むれ感を数値化することができると判断した[4]。

　被験者実験は，主観申告が得られる重要な実験であるが，個人差もあり，時間と労力もかかるため，製品設計や材料の最適化のためにはあまり適さない。発汗マネキンのような計測装置を用いることで，製品を高い精度で比較評価することができる。

　むれ感の小さいカーシートを構成する材料として，例えば，図5に示す通気性が非常に高いクッション材である網状弾性体を用いると効果的であることを，発汗マネキンによる評価で明らかにしている。

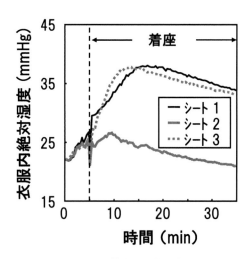

図4　カーシート着座時の衣服内絶対湿度
（発汗マネキン）

図5　網状弾性体

4　肌触りに関する心地良さの数値化

　肌触りのことを風合いとも言うが，風合いの研究の歴史は，日本では松尾らが1970 ～ 1972 年に風合い形容語と衣料用テキスタイルの力学特性とを結びつける風合い計測法を発表したのが最初である[5]。1973 年には川端が風合い計測器 KES（Kawabata Evaluation System）を発表した[6]。現在もなお，KES（カトーテック製）は布帛の表面特性，圧縮特性，曲げ特性，せん断特性，引張り特性を測定する風合い計測器として幅広く活用されている。肌触りは衣服や寝具だけではなく，自動車のアームレスト，ステアリング，カーシートにおいても重要な感覚である。ここでは，自動車用内装材の肌触りの数値化技術について紹介する。

　筆者らは，高級車を所有している消費者 80 名に対し自動車内装材・カーシートの触感に対する意識調査をし，図6 に示すように，夏はさらさらしてべたつかない，冬はやわらかくしっとりした触感が好まれるという調査結果を得た。これらの感覚を機器により数値化する方法を検討

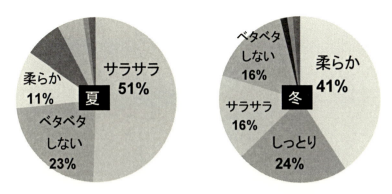

図6 夏と冬に求められる自動車内装材の触感

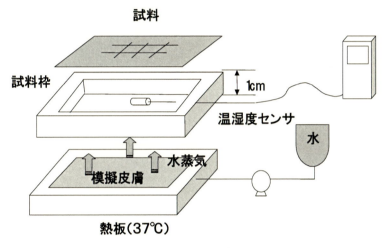

図7 スキンモデル

し，さらさらしてべたつかない触感は，KES の表面摩擦係数 MIU が低く，図7に示すスキンモデル（東洋紡開発装置）の熱板と試料との間の湿度上昇度が低い傾向を示すことを明らかにし，触感の数値化を可能にした（図8）[7]。べたつき感は材料の力学特性だけでは十分な説明ができず，皮膚からの水分の影響も受ける現象を捉え，発汗を模擬したスキンモデルを活用することで数値化することができた。

　しっとり感は複合的な感覚であり，相関分析手法を用いてしっとり感を説明する形容語を抽出し，どのような物理現象を計測すればよいかを把握した。その結果，KES による表面摩擦係数 MIU，表面粗さ SMD，圧縮変位量，および，スキンモデルによる湿度上昇度でしっとり感を数値化することができた[8]。なお，やわらかさはしっとり感との相関が高く，上記項目で評価可能と判断した。

　機器評価法を構築する過程において，統計処理により的確な指標を見出すことも重要であるが，感覚が生じる原因となる現象を観察しその現象を模擬する方法にすることにより感覚を本質

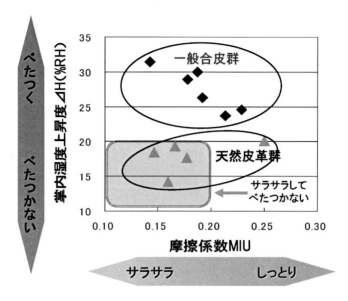

図8　さらさらしてべたつかない触感の数値化

的に計測することも重要である。

　自動車内装材やカーシートでは，夏と冬とで部材を変更することは通常できないが，要求レベルは違うものの，さらさら，べたつかない，やわらかい，しっとりという触感は，夏でも冬でも好まれる触感として位置づけされる感覚である。この4触感を念頭においた触感特化合成皮革を，機器評価法を活用して開発している。

5　圧力特性に関する心地良さの数値化

　人体を加圧する衣服として，ガードル，ブラジャー，スパッツ，コンプレッションインナーなどが挙げられる。加圧する部位により圧感覚も快適感覚も異なり，腰部，前腕，下腿は加圧してもきつく感じにくく不快にも感じにくいが，腹部，胸部，大腿部は，加圧するときつく感じ不快に感じやすい傾向を示す[9]。不快に感じることなく身体にフィットして適度な加圧をする衣服を開発する場合，通常は，実際に衣服を縫製して着用評価するが，それでは縫製と着用のプロセスを繰り返さなければならない。また，エアパック式衣服圧計などを用いて，衣服圧を実測することも可能であるが，圧力分布を求めることは難しい。そこで，編物の伸長変形特性と型紙から衣服圧を予測する数値計算技術を構築した[10, 11]。図9にスパッツの衣服圧計算の一例を示す。人体の硬さ，動作を模擬できていないという課題はあるが，コンピューターの進歩により数値計算技術を感覚計測の分野に適用することが容易になってきた。

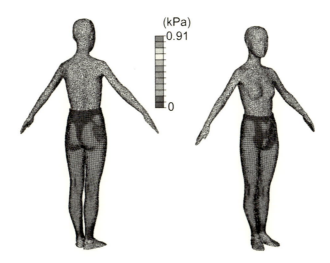

図9　スパッツの衣服圧計算結果

6　生理計測による心地良さの数値化

　心地良さを計測する生理評価には，脳波，心電図，脳血流，コルチゾール，唾液アミラーゼなどの計測が用いられているが，現在もなお研究途上の分野である。研究の一例を以下に紹介する。

　心理状態はさまざまな用語で表現されるが，RAS（Roken Arousal Scale）[12, 13] 6項目のうち商品開発に活用できると思われる「眠気，全般的活性，リラックス，緊張」の4項目8用語を対象とした。これらの心理用語の相互関係を，多変量解析手法を用いて検討した結果，第Ⅰ因子は「緊張している，どきどきしている」の緊張と「くつろいだ気分だ，ゆったりした気分だ」のリラックスからなり，第Ⅱ因子は「積極的な気分だ，活力がみなぎっている」の全般的活性と「眠い，まぶたが重いと感じる」の眠気からなることが分かった（表1）。前者の因子は「くつろぎ度」，後者の因子は「覚醒度」と解釈した。そして，心理用語と生理値との関係を調査し，リラックス ─ 緊張を表す「くつろぎ度」を心電図のRR間隔，覚醒 ─ 眠気を表す「覚醒度」を脳波のα波により評価する方法を提案した[14]。図10に示すように，RR間隔が長く，開眼時のα波パワースペクトルが少ないとリラックスして覚醒状態にあると判断し，RR間隔が長く，開眼時のα波パワースペクトルが多いとリラックスして眠たい状態だと判断する。心理値と生理計測値との関連をマップ化することで，開発の方向を明示でき，開発商品の効果を確認することもできる。また，本方法を用いることで，主観申告データを取得しにくいケースにおいても心理状態を評価することが可能になる。

　商品開発事例の一つに，秋・冬用のアンダーウェアがある。リラックスすると感じる肌触りは「ふんわり，やわらか，しっとりした，あったかい，肌触りが良い」触感だと把握し，これらの

表1　因子分析結果

	I	II
積極的な気分だ	-0.184	0.893
活力がみなぎっている	-0.068	0.916
緊張している	-0.845	0.145
どきどきしている	-0.818	0.186
眠い	0.454	-0.729
まぶたが重いと感じる	0.334	-0.809
くつろいだ気分だ	0.841	-0.255
ゆったりした気分だ	0.840	-0.257
固有値	4.613	1.547
累積寄与率（%）	57.7	77.0

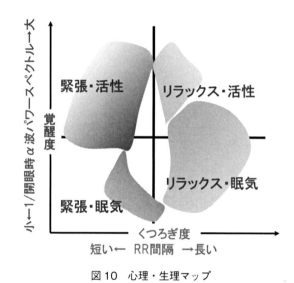

図10　心理・生理マップ

触感を KES で数値化し，その評価法に基づいて，「ふんわり」感を出すためには捲縮構造，「しっとりやわらか」感を出すためには無撚構造が望ましいと考え，両構造を実現する特殊紡績構造糸を開発した。その糸を使ったウェアで着用評価し，RR 間隔が長くなる傾向を示すことを確認した。

7　おわりに

心地良さの数値化は，主観評価，機器評価，生理評価の多面的な計測により，正確な評価が可能になる。主観評価も評価方法を検討することで，商品の序列を正確に判断することができ，定量的な評価方法として十分活用できる。ただし，個人差や日間差が生じ，評価可能な試料数に限界があるという問題もある。そのため，製品設計や材料の最適化のためには，機器評価を導入す

ることが有効である。さらには，数値計算技術によるシミュレーションを導入することにより，実験が困難な条件での予測ができるようになる。また，生理計測により，特定の刺激が身体に及ぼす影響を明らかにすることができるようになる。生理計測における課題の一つは，自然な状態でフィールドテストでも計測が可能な，非侵襲，小型・携帯タイプの計測技術の確立である。

　製品の基本的な性能が満足されると，消費者はより高次な「心地良さ」を要求するようになる。そのためには，人の感覚を数値化する，あるいは身体への影響を客観的データで示すことが必要となり，心地良さの数値化技術は今後ますます要求が高くなると考える。

文　　献

1)　原田隆司ほか，繊機誌，**36**, 392 (1983)
2)　田村照子ほか，繊消誌，**36**, 125 (1995)
3)　潮田ひとみほか，繊消誌，**36**, 162 (1995)
4)　原田弘孝ほか，自動車技術会春季学術講演会，270-20095001 (2009)
5)　松尾達樹，繊機誌，**23**, 134 (1970)
6)　川端季雄，繊機誌，**26**, 721 (1973)
7)　松井まり子ほか，平成22年度繊維学会年次大会 (2010)
8)　松井まり子ほか，2011年日本繊維製品消費科学会年次大会 (2011)
9)　石丸園子ほか，繊消誌，**52**, 197 (2011)
10)　石丸園子ほか，*J. Text. Eng.*, **55**, 179 (2009)
11)　石丸園子ほか，*J. Text. Eng.*, **56**, 77 (2010)
12)　高橋誠，北島洋樹，本城由美子，労働科学，**72**, 89 (1996)
13)　㈳人間生活工学研究センター，人間感覚計測マニュアル第一編，93 (1999)
14)　石丸園子，繊消誌，**47**, 772 (2007)

※この論文は，「月刊機能材料2013年2月号（シーエムシー出版）」に収載された内容を加筆修正したものです。

第10章　健康と快適を目指した衣服における感性設計・評価

金井博幸*

1　はじめに

老若男女を問わず，我々人類にとって「健康」は何物にも代え難いものである。

「健康増進」の考え方は1946年にWHOが提唱した「健康」の定義を基礎とし，その後，1970年代のラロンド報告，1980年代のヘルシーシティによって再定義され，現在は「個人の生活習慣だけでなく，周辺環境の整備を合わせたもの」と定義されている。我が国でもこの定義に従って「国民健康づくり対策」として第1次（昭和53年〜），第2次（昭和63年〜），第3次（平成12年〜）をそれぞれ実施しており，平成25年からは第4次国民健康づくり対策が厚生労働省主導のもと実施されている。日本は，現在65歳以上の人口が3,459万人で，総人口に占める割合が27.3％となる超高齢社会に突入しており[1]，世界に名だたる長寿国となっている。

一方，普段は特別な疾病がなくても，身の回りの環境に依存して，突然，生体機能不全に陥ることがある。熱中症はその代表的な症例であり，ときには生命にかかわる重大な事態を引き起こすこともある。近年では，地球規模の温暖化が叫ばれており，熱中症は誰にでも起こり得るリスクとして広く認識されている。

身体に隣接または直接接触した状態で長時間着用する衣服は，元来，着用者の身体を外界の様々な刺激から保護し，人が環境に適用することを可能にする工業製品であるが，近年は，繊維工学技術と異分野技術の融合によって，これまで衣服が果たしてきた役割を超えて着用者の健康と安全に貢献する新たな高機能衣服の開発が行われている。本稿では，現在，研究室で取り組んでいる健康と快適を目指した衣服の感性設計・評価について，その一端をご紹介したい。

2　熱中症リスク管理に貢献するスマート衣料の開発

2.1　産学連携による包括的な課題解決策の提案

我が国の総務省の報告[2]によれば，平成29年5月から8月までの4か月間において熱中症による救急搬送者数は50,886人と昨年の同時期に比較して4,486人の増加となっている。熱中症が発生する環境は，住居が全件数の37.0％で最大であるが，仕事場においても12.7％と高い発生率が報告されている。熱中症リスクがとりわけ高い職種には，屋外作業を伴う建設業や運送業が

＊　Hiroyuki Kanai　信州大学　繊維学部　先進繊維・感性工学科　准教授

ある。

　この問題に対して，私たちの研究室では大阪大学，日本気象協会，クラボウ，ユニオンツールの各機関と産学連携プラットフォームを構築し，高リスク作業従事者を対象とした熱中症リスクをリアルタイムに予測・予防するスマート衣料 "Smartfit®" と熱中症管理システムの開発に取り組んでいる（図1）。

　本プロジェクトでは，Smartfit®を着用した複数の作業者の心拍数，加速度，衣服内の気温を同期計測し，同一の環境で作業する複数の作業者に共通してみられる生体応答の変化から暑熱負

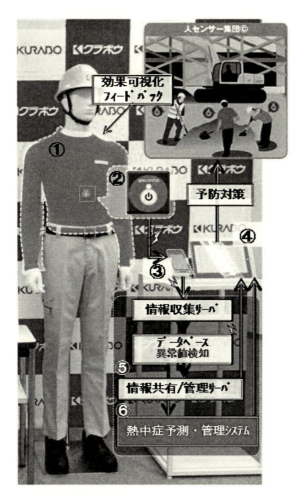

図1　要素技術の連携とプロジェクト参画機関の関わり
①スマート衣料（Smartfit®）（信州大学×クラボウ共同開発），②心拍／衣服内の温度／加速度センサ（ユニオンツール×クラボウ共同開発），③作業者用通信端末アプリケーション（ユニオンツール×クラボウ共同開発），④作業現場監督・管理者用通信端末アプリケーション（ユニオンツール×クラボウ共同開発），⑤データ通信・管理システム（ユニオンツール×クラボウ共同開発），⑥熱中症予測・管理システム（大阪大学×日本気象協会×クラボウ共同開発）

担および作業負担を予測する方法を提案している[3~6]。本プロジェクトの特徴は，ヒトの生体応答を直接，計測・評価して，熱中症予防策の効果を数値化できる点にある。仮に，暑熱環境の負荷（気温，湿度，WBGT 指数等）は同じであったとしても，より快適な作業服を着用したり，職場の風通しを改善する等の予防対策を講じることにより，対策の効果を可視化・数値化できるようになり，エビデンスに基づいて効果的な熱中症対策を講じることが期待できる。この点が，従来の暑熱負荷の推定（環境要因のみの評価）に基づく熱中症予測・管理にはなかった利点である。さらに，Smartfit® は IoT デバイスとしてインターネットに接続されるため，観測された生体応答はほぼリアルタイムでクラウド上に集積されて，暑熱負担や作業負担が評価される。結果は，瞬時に利用者に配信され，観測対象である作業者のみならず，作業者と同一の労働環境にいる別の作業者の暑熱負担や作業負担も一定精度で管理できるようになる。

　本プロジェクトの開発対象は，Smartfit® や観測デバイス等のものづくりを要素技術として，さらに包括的なシステムを提案することにある。すなわち，Smartfit® から得られる生体応答に対して，局所の気象データや過去の救急搬送等の付加的な情報を融合し，機械学習等のデータ分析技術を駆使して総合的に熱中症リスクを予測するシステムの提案である。この試みは，スマート衣料を個人向け商品と想定した場合には得られない新たな価値を生み出すものと期待される。

2.2　実効性を担保する設計・評価サイクルの実践

　建築作業現場や運送作業現場は熱中症リスクがとりわけ高い作業環境といえる。このような環境で作業に従事する者の多くは，長年の経験や特殊技能をもつ熟練技術者であることから，作業中の熱中症の発症は個人のリスクのみならず，企業のリスクにもなる。

　今日の建設作業環境では，気温や湿度を観測することで暑熱負荷を評価し，現場の管理者が経験かつ主観によって作業負荷レベルを勘案した上で熱中症リスクを判断している。この判断に基づき，熱中症リスクに応じた休憩管理システムの導入やスポットクーラーを備えた休憩所の設置，冷却ファンを備えた作業服の着用を推奨する等の対策が取られるが，その判断や対策は，各社に委ねられている[7]。

　本プロジェクトでは，これまでに積極的な企業努力を行ってきた建設・運送会社 12 社に協力いただき，2017 年 5 月から 9 月の 5 カ月間に約 200 名の建設作業従事者に対して Smartfit® および通信端末を貸与し，毎日 Smartfit® を着用して作業に従事する実証試験を実施した。実証試験では作業者の心拍数を常時観測し，通信端末を通じて自動送信することで熱中症リスクを評価した。

　評価結果は，作業者のもつ端末と作業の管理者の双方に同時送信され，管理者は評価結果に基づいて熱中症予防対策を講じた。

　図 2(a)は，平成 29 年 8 月 10 日に実証試験に取り組む兵庫県の建設現場を視察したときの様子である。当日は快晴であり，正午における現場入り口付近の温度および湿度は，38.6 ℃，52 ％R.H. であった。建設現場では日中，時間帯を問わず，屋内・外において同時に作業が進められ

ていた。屋外では放射や輻射の影響が強く，身体を取りまく気温の上昇によって放熱が促進されにくい環境であった。また，屋内では湿度が高いことから発汗に伴う蒸散が抑制されてしまい，こちらも放熱が促進されにくい環境であった。このような環境要因は，建設現場で熱中症リスクを高める直接的な原因であると考えられる。

図2　建設現場と作業従事者の姿勢観察
(a)大型倉庫建設現場の全景，(b)高所作業（立位），(c)高所作業（座位），(d)高所作業（体幹の側屈），
(e)高所作業（体幹の回旋），(f)組上げ作業（体幹の前屈），(g)天井施工作業（腰部背屈・肩関節挙上）

　建設現場における作業は多種多様である。図2(b)から(g)は，作業従事者の様子である。高所作業では限られた足場環境にも関わらず，ボルトやナットを使って部材同士を固定するなど，繊細な作業を効率よく行う必要がある。これらの作業では，立位，座位などの安定した姿勢だけではなく，体幹部（腰部）を前屈，側屈，背屈することで広範な作業領域を確保する様子が観察された。また，高所での移動は地上での移動に比べて体幹部（腰部）を大きく廻旋させながらH鋼の上を歩くなどの様子が観察された。さらに，屋内では天井施工作業が行われていた。ここでは，作業員が足場となるクレーンを操作しながら断熱部材を仮固定していくが，その際に体幹部（腰部）を背屈し，肩関節を外転位で挙上する動作が観察された。

　これらの観察を通じて，建設作業従事者にみられる特有の動作や中間姿勢を抽出し，それを単純化することで良好な再現性が得られる5種類のモデル試技を決定した。図3はこのモデル試技

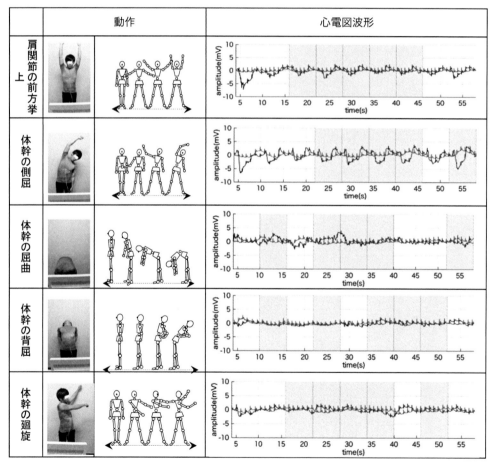

図3　建設作業固有のモデル試技と心電図測定例
　医療用ディスポーザブル電極を用いて胸部誘導（CM5）した心電図とSmartfit®を着用して測定した心電図の比較。

を用いて大学の研究室で Smartfit® の性能評価を行っている様子である。表中には，医療用ディスポーザブル電極を用いて胸部誘導（CM5）した心電図と Smartfit® を着用したときに観測される心電図の波形例を示している。モデル試技によっては心電図の基線に大きなゆらぎが観察されるが，これはモーションアーチファクトによるものであり，フィルタリング処理を用いて補正することが可能である。一方，心室の収縮に伴う電位変化，すなわち R 波（棘波）が消失すると 1 分間当たりの拍動回数（心拍数）を導出することが困難になる。

　大学の研究室では，胸部誘導による心電図と Smartfit® を着用して観測した心電図を比較する実験を繰り返し実施することで，生体応答の観測精度と建設作業に特有の動作適応性を両立した Smartfit® の改良に取り組んでいる。

3　肥満症予防を目指した運動効果促進ウェアの開発

　我が国の厚生労働省が実施する平成 28 年国民健康・栄養調査は，成人男性で 31.3 %，女性で 20.6 %が肥満者（BMI $\geqq$ 25 kg/m^2）であると報告されている。先進諸国において死因の上位を占める循環系疾患や糖尿病，高脂血症などの慢性疾患は，肥満症との間に強い関連が指摘されており[8]，我が国では，1 日あたり 10000 歩という具体的な目標値を設定することで肥満症の予防・改善を図ってきた[9]。しかし，実際には 20 歳以上の男女において 1 日の平均歩数は 6200 〜 7200 歩程度とされ[10]，前期高齢者群に至っては 4000 歩程度との報告[11]もあることから，目標値の 10000 歩には遠く及ばないのが現状である。

　研究室では 1 歩の歩行に要する下肢筋群の筋活動を僅かに増大させて，限定的な歩数であっても，従来と比較して相対的に高いエネルギー消費を実現する高機能ウェア（下衣）の開発に取り組んでいる。具体的には，①時々刻々と変化する歩行運動中の衣服変形の計測システムと解析方法について提案し，②衣服変形をわずかに抑制することで着用者に運動の負荷を与える運動効果促進ウェアパターンを提案し，③このウェアを着用して歩行運動したときの人体のエネルギー代謝量を評価した。さらに，④運動効果促進ウェアの着用によってエネルギー代謝が促進することの機序について検証するため，歩行中の筋電図を測定して筋活動動態を明らかにした。

　図 4 は，DLT（Direct Linear Transformation）法を援用した歩行運動中の衣服変形の計測システムである。トレッドミル上を歩行する人を囲むようにしてその周辺に 9 台のカメラと 2 台の振動レベル計を設置し，これらを同期して記録できるようにすることで身体および衣服上に固定したマーカの 3 次元座標を計測し，連続記録できるシステムである。これにより運動中の 4 つの姿勢，すなわち「踵接地」，「足底接地」，「踵離地」，「爪先離地」の瞬間（タイミング）での衣服変形を計測可能にした。図 5 は，踵接地姿勢において前身頃および後身頃で生じる衣服変形を可視化した結果の一例である。この計測によって観察される衣服変形から，変形量が大きい位置に低伸長領域を与えることで歩行運動中の筋活動量を僅かに増大させるウェアパターンを提案した[12]。

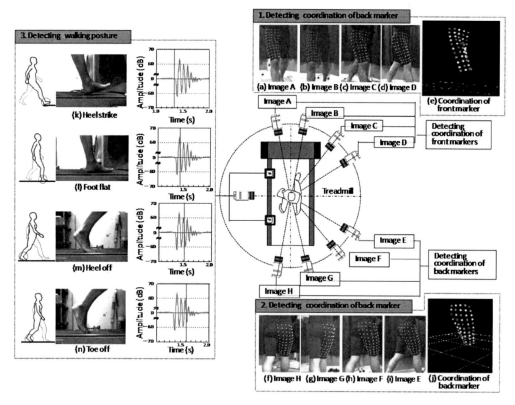

図4　歩行運動と衣服変形の同期計測システム

　図6に試作運動効果促進ウェアを着用し，トレッドミル上を時速4kmの速さで歩行運動したときのエネルギー代謝量を示す。基準ウェアを着用したときと比較して低伸縮領域を与えた運動効果促進ウェアⅠ（低伸縮領域＝弱）では4.6%，運動効果促進ウェアⅡ（低伸縮領域＝中）では7.3%，運動効果促進ウェアⅢ（低伸縮領域＝強）では8.4%のエネルギー代謝がそれぞれ確認された。

4　高機能ウェア開発における「着心地」という障壁

　仮に熱中症を十分高精度に予測できるウェアや肥満症の改善・予防に十分効果的なウェアが提案されたとしても，着用者にそのウェアの着用習慣が定着しなければこれらの効果は得られない。ウェアの着用を習慣化するためには，着用者が効果を実感できる機能であること，品質が良く繰り返しの着用による耐久性に優れていること，販売価格が適切であることなどの消費者の要求にも配慮しながら理解を得ることが重要である。特に，ウェアの着用快適性，すなわち着心地に対する配慮はとりわけ重要であるが同時に所期の機能との共存が困難な課題ともいえる。我々

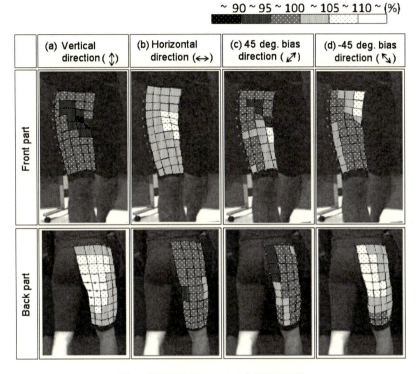

図 5　踵接地姿勢における衣服変形挙動

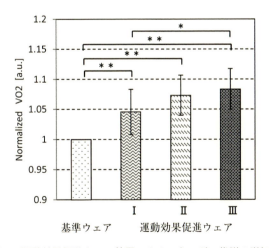

図 6　運動効果促進ウェア着用によるエネルギー代謝の増加量

は熱中症予防のためのスマート衣料や運動効果促進ウェアをインナーウェアとして着用することを想定しているが，本来インナーウェアには，薄い，軽い，やわらかい，通気性がよい，放熱性がよい（または保温性がよい），表面がやわらかい，さらさらした触感を与える，締め付けすぎずに身体にフィットする，身体の動きに追従する，着脱がしやすい，もたつきがなくシルエットに影響しないなど，様々な要求がある。これらの要求を満たしつつ，高機能化を図るためには，繊維工学に立ち返って素材，糸構造，編織構造，パターンを最適化することで，快適性と機能性の両立を目指していきたい。

謝辞
　「熱中症リスク管理に貢献するスマート衣料の開発」に関する内容は，大阪大学大学院基礎工学研究科の清野健教授ならびに同大学の野村泰伸教授，一般財団法人日本気象協会の田口晶彦氏，川瀬善一郎氏，倉敷紡績株式会社の藤尾宜範氏，勝圓進氏，林洋行氏，大月昌也氏，小川敬太氏，ユニオンツール株式会社の小林末呉氏との協働によって進めた研究成果の一部です。各位に深謝いたします。
　また，「運動効果促進ウェアの開発」は，JSPS 科研費 25870289，および JSPS 科研費 17K00378 の助成を受けて実施した研究成果の一部です。

文　　　献

1)　内閣府：「平成 29 年度版高齢社会白書」(2017)
2)　総務省：報道資料「平成 29 年 8 月の熱中症による救急搬送状況」(2017)
3)　金井博幸，清野 健，野村泰伸，田口晶彦，川瀬善一郎，藤尾宜範，勝圓 進，小林末呉，高機能インナーウェアと熱中症リスク管理システムの開発，繊維製品消費科学，Vol.58，No.8，pp.639-644 (2017)
4)　植田隼平，有馬慎之介，藤尾宜範，勝圓進，金井博幸，清野健，野村泰伸，心拍計測用ウェアの性能評価指標の提案，第 56 回日本生体医工学会大会プログラム・抄録集，p.241 (2017)
5)　植田隼平，藤田壤，有馬慎之介，藤尾宜範，勝圓進，田口晶彦，川瀬善一郎，金井博幸，野村泰伸，清野健，生体情報と気象情報を統合した熱中症リスク評価法の検討，生体医工学シンポジウム 2017，(2017)
6)　藤田壤，植田隼平，有馬慎之介，藤尾宜範，勝圓進，金井博幸，野村泰伸，清野健，スマート衣料を用いた運動・作業負荷の推定法の開発，生体医工学シンポジウム 2017 (2017)
7)　国土交通省：報道発表資料建設現場における熱中症対策事例集 (2007)
8)　Fox M, Physical activity and the prevention of coronary heart disease, Preventive Med., 1, 92-120, 1972
9)　厚生労働省　運動所要量・運動指針の策定検討会，健康づくりのための運動指針 2006，2006

10) 厚生労働省　次期国民健康づくり運動プラン策定専門委員会，健康日本 21（第 2 次）の推進に関する参考資料（2012）

11) 沢井史穂，他，高齢者の日常活動能力と脚伸展パワーの実態調査，日本体力医学会学会誌 **47**（6），774（1998）

12) 信州大学，金井博幸，木村航太，特許第 6156834 号，2017-6-16

第11章　感性を考慮したスキンケア化粧品設計

早瀬　基[*]

1　はじめに

われわれ化粧品技術者は，「シミをできにくくする」とか「製剤塗布後の角層水分量を上げる」，「製剤粘度を一定範囲に維持する」，「乳化状態を安定化させる」といった特定のポイントにおける技術向上を主たる目標として処方開発を行ってきた。しかしながら，スキンケア化粧品は皮膚を健やかに保つための機能，効果を備えた「実用品」であるとともに，感触，香りなどの使用感（あるいは人によっては所持すること自体）を楽しむ「嗜好品」である。感触の向上や良いイメージの付与は，機能・効果の改良や人体への安全性，製剤の安定性などと同等以上に大切な化粧品開発上の目標である。顧客は機能に対する価値だけではなく情緒的価値なども含んだ全体的な価値を総合的に理解したうえで，その製品の良否を判定する。そのためには，特定機能性の向上とともに顧客が理解し共感できる価値を考慮した設計が必要であるといえる。感性的な価値はその様な価値の一つである。

感性とは物理量に単純に還元できない満足度などとされ[1]，無意識，無自覚，受動的に顧客が持つ印象や共感と考えられている。化粧品の感性価値としては「心地良さ」，「かわいらしさ」，「高級感」，「やさしさ」などが挙げられる。化粧品が「心地良い」と顧客に認識されるということは，顧客がその化粧品に感性価値を見出したと言い換えることができる。顧客は化粧品の名前を聞き，外観を見て，手にとることから購買する。つまり化粧品の感性価値にかかわるものとして，最初に顧客が理解するネーミングと容器・包装は大きなファクターであると言える。会社名や製品名の言葉の響きは印象に作用するとされ，現在いくつかの化粧品会社の社名には共通の印象傾向が見られるという報告がある[2]。容器のデザイン，色，大きさなどが視覚的に多くの情報を顧客に与えることは容易に推測される。また，手にとった時の重さや質感も高級感などに影響を与える。しかしながら以上のことは食品などスキンケア化粧品以外の多くの製品にも当てはまることである。そこでここではスキンケア化粧品でより重視されるポイントを意識して，処方開発における感性価値の評価と処方設計に関し解説を試みた。

2　感性価値の評価

スキンケア化粧品の開発においても，目標品質の設定やその完成度を調べるために種々の評価

＊　Motoi Hayase　花王㈱　開発研究第1セクター　スキンケア研究所　上席主任研究員

が行われる。その中で感性価値に深く関わるものとして使用感の評価が考えられる。化粧品の使用感評価には機器計測と官能評価が用いられる。近年，「サイコレオロジー」という研究分野において，人間が感覚的に判断する粘性感覚や弾性感覚などのレオロジー的性質を客観的・物理的な機器計測に置き換えることも試みられている。石井らは濃度の異なるヒアルロン酸NaとCMグルカン水溶液を用い，レオメーターを用いて測定した法線応力が製剤塗布時におけるベタツキ程度の差に関係することを報告している[3]。小松らはヒアルロン酸NaやγPGA水溶液などの7種の化粧品基剤を用い「もっちり感」の官能評価と剥離力の相関を見出している[4]。

複数の感覚を連携させて評価する研究もなされている。中村らは肌の「なめらかさ」に関して肌状態の機器計測を行うだけでなく，その結果と目視判定との相関性を検証し，肌の「キメ」と見た目の「なめらかさ」に相関が見られること，スキンケア化粧品の連用によりキメの改善と共に見た目の「なめらかさ」も改善されることを報告している[5]。諸隈らは「ハリ感」をハイスピードカメラと触診，つまり視覚と触覚の2つで評価することを提唱している[6]。

このように機器計測と官能評価の併用も検討されているが，現時点ではアンケートや聞き取りを中心とした官能評価が感性価値評価の中心であることはまちがいない。官能評価とは「測定機器では測定が難しい感覚（外観，色調，使用性，香り，味，音など）を人間の五感を使って行う評価方法」と定義される[7]。スキンケア化粧品の製剤・アイテムは多種多様である。そして使用時に「とれ」，「あたり」，「のび」，「なじみ」，「おさまり」など複数のステップを持ち，その使用過程で製剤の構造，組成が変化するだけでなく（図1），同時に化粧品が使用された肌の状態も変化する。人の感覚はこの複雑に変化する状態を総合的に評価することができる。さらに，細かな感触の差を示す物性値の変化率は小さい。人はこの微妙な変化率を捉えることもできる。以上のことから現時点では感触を評価するに当たっては機器計測だけではなく官能評価が多用される。ここでは高額品のみならず，すべての価格帯の化粧品にとって重要とされる「高級感」の評価について研究例を挙げる。

神宮らは化粧水の「高級感」に関して以下の報告を行っている[8]。被験者にハイプレステージブランド2品，低価格ブランド2品のコンセプト文を読ませてどのような化粧水か想像させた後，

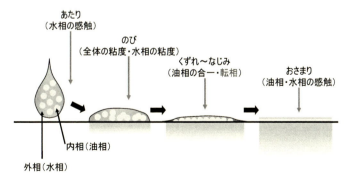

図1　O/Wクリーム使用時の肌の上での構造と感触の変化

「さっぱり」,「しっとり」といった官能特性評価用語15項目と「高級感」をあわせた16項目に関する評価をさせた。その結果, ハイプレステージブランド, 低価格ブランドともに顧客はコンセプト文から感じる「高級感」を「使い心地」としての使用感に規定していた。また, その「使い心地」を表現するにはハイプレステージブランドでは「ひんやり」を, 低価格ブランドでは「のび」といった異なる官能特性が必要であった。さらに上記4ブランドの化粧品を1日, 4日, 7日と連用することにより,「使い心地」と「肌実感」が各連用の時点で共通して存在しており, さらに, 連用し続けることによりブランドによる特徴が現れ, 高級感を規定する要因が明確となっていた。

妹尾は2種の販売価格の異なる乳液を官能評価の経験と化粧品知識の異なった3群で評価している[9]。その結果, 開発者が高価格の乳液にふさわしいと感じて設計した使用感は, 乳液使用経験の有無に関係なく多くの人が判断できていた。一方, 低価格乳液においては化粧品の評価経験の有無により結果が大きく異なっており, これは使用時に感じる感覚量が少なく, 検出感度の高いプロは評価できるものの, 経験の少ない大学生にはわずかな違いを感じることができなかった可能性が示唆された[9]。妹尾は処方の種類と感性評価結果の関係も示している。しかしながらこのような処方変更点と感性評価結果を関連させた報告はいまだ少ない。

3 感性価値を化粧品へ付加するために必要な処方ポイント

感性を重視した処方設計には, 顧客の五感に訴えかける物性を処方に発現させることと, こだわり, ストーリー性, イメージなどを表現できる処方とすることが考えられる。ここではその2方向から解説を試みる。

3.1 五感へアプローチする方法

化粧品の価値を上げるために五感（視覚, 嗅覚, 触覚, 聴覚, 味覚）へ様々な形でアプローチすることを目的として処方を組み立てることがある。もっとも, 特性改良のための処方上の工夫がスキンケア化粧品の情緒価値とつながることも多々ある。

多くの化粧品に用いられる界面活性剤や香料には苦いものが多く, グリセリンなどの保湿剤には甘いものがある。塩化ナトリウムも有機酸も配合できるので塩味も酸味も付加でき, 味覚をコントロールしたスキンケア化粧品の処方を作成することは技術的に不可能ではない。しかしながら味覚をコントロールし, その情報を付与したスキンケア化粧品を市場に提供することはほとんどない。むしろ誤飲誤食を避けるために味覚の価値訴求はすべきでない。

聴覚情報として容器の使用時, 製剤の塗布中に発生する音が考えられる。自動車のドアの開放音のように, コンパクトケースを開けるときの開放音をコントロールする容器もある[10]。しかしながらその他の聴覚情報は製品のストーリー性, イメージなど意識へのアプローチする知識情報が中心であり, 処方設計で対応できるものは限られている（イメージ付与のための成分配合は後

述する）。そこで以下に視覚，嗅覚，触覚に対象を絞って感性価値に影響が出る処方技術を解説する。

3.1.1　視覚へのアプローチ

　スキンケア化粧品の外観は感性価値に影響を与える。製剤の発色のためにはタール色素が長年使われてきているが，無機色素，植物エキスなどの天然色素の使用も増えてきている。天然色素での着色は調整できる色が限られる，安定性が低い，色がぶれ易いなどの欠点もあるが，良いイメージや効果感などの色情報だけでない価値の付与も考えられるためである。

　色以外にも製剤自体のつや，白濁度，マット感といった「見た目の違い」があり，それに適した製剤調製方法がある。化粧水にとろみや濁りがあると，いかにもよさそうなものが入っていると感じられることがある。そのために高分子の配合や油剤，両親媒性物質などの均一分散が行われる。製剤の透明感のコントロールも使用感やイメージに影響を与えることが多い。通常白濁するエマルションの透明感をあげるために乳化粒子径を 100 nm 未満にする方法がとられるが，エマルションの内相，外相の屈折率を近づけることにより，透明感を上げることもできる[11]。

3.1.2　嗅覚へのアプローチ

　香りは化粧品の最も基本的な特性であり，これまで香料や精油などを用いることで様々な演出が化粧品に行われてきた。賦香することの意味は，原料臭のマスキングや単純な嗜好性向上だけではない。松川はボディソープの香りによって気分が向上することを報告している[12]。しかしながら，日本市場では必ずしも「香りがたつ」ことが良いといえないこともあり，無香料製品を好む顧客もいる。この場合は「無香料」という表現がただ単に香料が入っていないことを示すのではなく，それ自体が肌にやさしいという価値を演出している。香りは消費者に分かり易い特性でインパクトが強い。賦香した場合，その香りのイメージに引きずられて同じ製剤でも異なった感触評価をしてしまう場合がある。

3.1.3　触覚へのアプローチ

　スキンケア化粧品が持つ商品価値の中で感触の占める割合は大きい。これは医薬品との大きな違いの一つである。また，感触は顧客に理解されやすいので，購入リピートに直接つながることも考えられる。触覚の測定技術に関しても新たなトライが試みられている[13~15]が，ここでは処方設計に絞って解説する。

　目標感触を作るためにまず処方骨格の選定を行う。多くのスキンケア化粧品には可溶化製剤とともにエマルションが処方骨格として用いられる。エマルションは油相，水相の存在状態からＷ／Ｏ型エマルション，Ｏ／Ｗ型エマルション，あるいはＯ／Ｗ／Ｏ型，Ｗ／Ｏ／Ｗ型といった複合エマルションなどに分類ができ，各構造のエマルション製剤それぞれが異なった感触を持ち，その選定が感触につながる。Ｏ／Ｗ型エマルションの中には塗布時に肌の上で転相して構造が変化するものがある。その変化によって「伸び」とその後の「収まり」を感じることができる。このような感触が好まれるため，一般的なスキンクリーム，乳液，クレンジングクリームなど多くのアイテムに適用され，特に日本市場においてはその傾向が強い。一方，Ｗ／Ｏ型

エマルションは塗布時に肌の上で転相せず，塗布時のはじめから終わりまで重い感触のものが多く，アイクリームなどに用いられる。Ｏ／Ｗ／Ｏ型，Ｗ／Ｏ／Ｗ型エマルションといった複合エマルション製剤には単純なＯ／Ｗ型エマルション，Ｗ／Ｏ型エマルションとは異なった特性を持つものがある。塗布後なじむまでに複雑な感触変化を起こすものに関する報告もある[16,17]。一方，油剤，保湿剤などの成分添加により感触を改良する場合がある。触覚に影響の大きい添加成分として高分子が挙げられる[18]。中村らは合成ポリマーなど，汎用性の高い素材の比較検討を報告している[19]。

　容器と中身はお互いに影響を与えるのでそれぞれ個別でなく連携した開発が必要である。処方を光や酸化から守るためにデザインに制約を与えることや，ポンプやチューブからの突出量や突出時のシェアが感触へ影響を与えることもある。

3.2　意識へアプローチする方法

　処方物性を大きく変えるのではなく，特定成分の配合（あるいは無配合）により情緒的価値をスキンケア化粧品に付加する方法もある。例えば「コラーゲン」，「生薬」，「ビタミン」などイメージの良い成分の配合により顧客にある種の価値観を想起させる場合がある。ここでは異なった視点として化粧品に付与する価値として「やさしさ」と「サステナビリティ（持続可能性）」の2つを選択し，それぞれを組み込んだ処方について解説する。

　化粧品にとって「やさしさ」は必須項目の一つであることは言うまでもない。一般に良いもの，必要なもののみを使いたいのが消費者意識であり，「悪いものが入っていない」ということがやさしさにつながると考えられる。悪いものとはこれまで「身体・肌に悪い」つまり安全でなさそうなものであったが，環境への配慮が進む中「環境に悪い」ものも悪いとされる。環境に良いもの・悪いものの判断基準として，エコサートなどの認証機関による新たな認証システムがある。しかしながらその認証基準に納得感と統一性のない場合もあり，当面は状況に応じた対応が必要となる。ここでは肌や環境に「やさしい」イメージを持つレス処方，環境配慮処方について解説を進める。

　防腐剤，香料，界面活性剤など化粧品を構成する上で重要な多くの化粧品原料に対してネガティブなイメージを持ち，それらが入っていないことを訴求した「レス処方」に関して好意を持つ顧客がいる。化粧品は全成分表示されているが，どの成分が安全であると判断することは一般消費者には非常に困難である。そこで悪いイメージのある素材はどんな良いものでも否定される場合がある。例えば，パラオキシ安息香酸メチルはもっとも安全，安心な防腐剤であるが，有名でかつ最も汎用的であるために防腐剤の代表とされ，それが入っていないだけであたかも防腐剤レスであるように錯覚する消費者も存在する。スキンケアアイテムの中では，特にサンスクリーンに関して肌に負担をかけている認識が消費者にあり，感触重視のノンフィジカル処方と共に有機紫外線吸収剤を配合しないノンケミカル処方が望まれている。紫外線防御効果を維持，向上させながら，いかにレス処方としていくかが処方改良の課題である。

　環境への配慮が化粧品開発の上で大きくなる中で，その配慮を消費者に訴求して「やさしい」イメージを上げることも考えられる。化粧品も最終的には環境に排出されるので，各成分の生分解性は重要である。一方でカーボンフットプリントといった考えにおいては原料選定や製造時のCO_2排泄量のみならず製品使用時における配慮が必要である。そこで洗顔，クレンジングなどの処方設計においてはすすぎ易いなど使用時のCO_2排泄量も考慮することに含まれる。製造時のエネルギーを軽減させるための常温製造はコスト軽減だけではなく環境配慮の面からも考えることができる。このような関連技術情報により製品の優しさ訴求を進めることができる。

　顧客に今以上の価値を提供し続ける「サステナビリティ（持続可能性）」ということも重視されてきた。石油から調製される流動パラフィン，ワセリン，ポリオキシエチレン系乳化剤やαオレフィンなどは長年非常に多くの化粧品で使用されてきており，化粧品を作るうえではほぼ必須と思われてきた。しかしながら石油が将来枯渇するのではないかという懸念は以前からある。一方で化粧品の基剤原料として産業的に使用可能な植物種は限られ，さらに収穫時期，作柄などにも影響を受けるので，植物由来原料も安定供給が困難な場合が想定できる。このように安定供給，持続的供給の観点から成分選定をすることは簡単ではない。サステナビリティへの対策の一つとして微生物を用いて生産された素材（発酵生産物）の適用が考えられる。これまでにも生理活性物質を中心に，増粘剤，保湿剤などさまざまな発酵生産物が化粧品に展開されているが[20]，近年油剤や低級アルコールなど従来供給困難であったものも提供されるようになってきた（図2）。特に微生物が産生する両親媒性物質（バイオサーファクタント）は工業化が進み，製剤開発の可能性が広がっている。微生物産生界面活性剤としてはサーファクチンナトリウム，ラムノリピッド，トレハロースリピッド，マンノシルエリスリトールリピッド，ソホロリピッドなどが知られている。特に近年，サーファクチンナトリウムやマンノシルエリスリトールリピッドなどの

図2　化粧品で用いられる発酵生産物

化粧品への応用に関し新たな報告がなされている[21~24]。これらはサステナブルなだけではなく特殊な機能や高い生分解性なども持っているため，その商品展開の中から新たな化粧品の機能価値と情緒的価値を見出すことができるかもしれない。

4　おわりに

これまでわれわれ化粧品技術者は個々の技術を磨いて新たな「製品」を顧客に提供してきた。しかしながら，顧客は「製品」の設計品質のみならず宣伝情報や店頭での販売活動なども含めた総合的な価値を持つ「商品」を購入する。「製品」を「商品」により近づけるため，今後の化粧品開発において感性設計がより必要かつ重要となることは容易に想像できる。新たなスキンケア化粧品の開発には通常数年の時間が必要とされ，未来の化粧品の価値を確かにするためトレンドを読むことは重要である。これまで技術トレンドは学会発表や特許情報などからある程度推測してきた。化粧品の感性トレンドに関する報告もある[25]がまだ多いとはいえない。また，スキンケア化粧品の顧客や販売現場の人が開発者の意図のとおりに商品を理解していないことも考えられる。40年以上も同じ化粧品を使い続けている人がおり，その人の持っている価値観を否定されたくないというケースも報告されている[26]。それらをふまえてわれわれ自身の「感性」を磨き，顧客の「感性」に共感することにより，特定性能を向上させた「新製品」ではなく，感性価値まで含めた真に「顧客に良い商品」を提供することをわれわれ開発者は考えなければならない。

文　　献

1)　化粧品の有用性，薬事日報社，256 (2001)
2)　黒川伊保子，怪獣の名前はなぜガギグゲゴなのか，新潮社，177 (2004)
3)　石井宏明，早瀬基，藤田幸子，田中清隆，第70回 SCCJ 研究討論会講演要旨集，8 (2012)
4)　小松陽子，松井まり子，北川優，石丸園子，第69回 SCCJ 研究討論会講演要旨集，6 (2011)
5)　中村睦子，征矢智美，丹野修，日本化粧品技術者会誌，**45** (4)，306 (2011)
6)　諸隈由樹，次田哲也，西島貴史，小島伸俊，岩田佳代子，第69回 SCCJ 研究討論会講演要旨集，12 (2011)
7)　化粧品辞典，丸善，403 (2003)
8)　神宮英夫，高橋正明，日本化粧品技術者会誌，**45** (1)，9 (2011)
9)　妹尾正巳，日本化粧品技術者会誌，**45** (4)，291 (2011)
10)　井田厚，第35回 SCCJ セミナー要旨集，27 (2010)
11)　早瀬基ほか，公開特許広報，平 11-180843
12)　松川浩，第35回 SCCJ セミナー要旨集，53 (2010)
13)　上条正義，日本化粧品技術者会誌，**45** (2)，92 (2011)

14)　田中真美，コスメティックステージ，**3**(5)，32 (2009)

15)　野々村美宗，コスメティックステージ，(35)，37 (2009)

16)　今村仁，日本化粧品技術者会誌，**45**(1)，3 (2011)

17)　関根知子，オレオサイエンス，**1**，229 (2001)

18)　早瀬基，コスメティックステージ，**1**(6)，1 (2011)

19)　中村綾野，曽我部敦，町田明子，金田勇，第 63 回 SCCJ 研究討論会講演要旨集，21, (2008)

20)　早瀬基，石畠さおり，FRAGRANCE JOURNAL, 5, 83 (2006)

21)　早瀬基，コスメティックジャパン，**2**(4)，72 (2012)

22)　早瀬基，第 70 回 SCCJ 研究討論会講演要旨集，18 (2012)

23)　竹山雄一郎，加治恵，井門俊和，瀬戸匡人，第 26 回 IFSCC アルゼンチン大会論文報告会講演要旨集，32 (2010)

24)　野田久稔，田中巧，第 26 回 IFSCC アルゼンチン大会論文報告会講演要旨集，27 (2010)

25)　菅沼薫，日本化粧品技術者会誌，**45**(3)，181 (2011)

26)　長谷川桂子，牛に化粧品を売る，幻冬舎，221 (2012)

※この論文は，「月刊機能材料 2013 年 2 月号（シーエムシー出版）」に収載された内容を加筆修正したものです。

第12章　ヘアケア製品における感性設計
― シャンプーのなめらかな洗いごこちを生み出す技術 ―

松江由香子[*]

1　シャンプーの基本機能

　薬事法で規定されている化粧品の効能効果の範囲のなかで，シャンプーに該当するものは，「頭皮・毛髪を清浄にする。」「香りにより毛髪，頭皮の不快臭を抑える。」「頭皮，毛髪をすこやかにする。」「毛髪をしなやかにする。」「フケ，カユミがとれる。」「フケ，カユミを抑える。」である。

2　シャンプーの組成

　シャンプーの主成分は洗浄成分，アニオン界面活性剤である。我が国では，昭和30年（1955年）以前は石けんが使われてきたが，合成界面活性剤の進歩とともに昭和30年代にはアルキル硫酸エステル塩を主成分にした粉末状のシャンプーが使われるようになった。さらに昭和40年代に入ってアルキルエーテル硫酸エステル塩が使われるようになり，現在のような液状のシャンプーが本格的に普及した。

　その他には，カチオン化高分子やシリコンといったコンディショニング成分や，キレート剤や防腐剤，白濁化剤といった保存安定剤などが配合されている。

3　心地良さを感じる機能

　シャンプーが発売された当初は，「泡立ち」「汚れ落ち」といった基本性能が充分ではなかったため，基本性能がより高い製品が良いと評価されていた。しかし，現在では基本性能は充分満たされているので，使用時の心地良さが製品の差別化ポイントとなっている。例えば「使いやすい液の粘性」「泡立ちの速さ」「指どおり」「香り」という $+\alpha$ の機能である。

　三井ら[1]は，シャンプーの性能評価報告や，専門誌，女性雑誌，グループインタビューなどからシャンプーの使用感を表現する言葉，計210語を収集し，各評価語とシャンプーの嗜好性に対する影響度について解析，ランク付けを行っている。表1に上位25語を示す。上位に出てくる

　＊　Yukako Matsue　クラシエホームプロダクツ㈱　ビューティケア研究所　第二研究部
　　　主任研究員

表1　シャンプー評価重要度上位25語[1]

順位	場面	使用感を表す言葉	評点*
1	すすぎ時	髪がきしむ／きしまない	2.78
2	洗髪中	香りが良い／悪い	2.74
3	すすぎ時	指がスムーズに通る／通らない	2.54
4	すすぎ時	指通りが滑らかである／ない	2.52
5	すすぎ時	指通りが良い／悪い	2.48
6	すすぎ時	手ぐし通りが良い／悪い	2.41
6	洗髪中	髪がきしむ／きしまない	2.41
8	洗髪中	手ぐし通りが良い／悪い	2.39
8	すすぎ時	髪が滑らかである／ない	2.39
8	すすぎ後	指がスムーズに通る／通らない	2.39
11	すすぎ後	髪がきしむ／きしまない	2.35
12	洗髪中	髪どおしが絡む／絡まない	2.32
12	洗髪中	泡立ちが良い／悪い	2.32
14	洗髪後	指通りが滑らかである／ない	2.26
14	洗髪中	香りが強い／弱い	2.26
16	すすぎ時	香りが良い／悪い	2.24
17	洗髪中	指通りが良い／悪い	2.22
17	洗髪中	泡立ちが豊かである／ない	2.22
17	すすぎ時	指のひっかかりがある／ない	2.22
17	洗髪後	指通りが良い／悪い	2.22
17	洗髪中	泡の量が多い／少ない	2.22
22	洗髪中	指通りが滑らかである／ない	2.20
23	洗髪後	手ぐし通りが良い／悪い	2.19
24	洗髪中	指がスムーズに通る／通らない	2.18
25	すすぎ時	すぐきしむ／きしまない	2.17
25	すすぎ後	香りが良い／悪い	2.17
25	すすぎ後	髪の手触りが良い／悪い	2.17

20代女性パネラー54名による平均値
*各語について重要度のランク付けを以下の基準で行った。
「洗髪中に使用感を表す言葉を経験し，とても重要である」…3点
「洗髪中に使用感を表す言葉を経験し，重要である」…2点
「洗髪中に使用感を表す言葉を経験しているが重要ではない」…1点
「洗髪中に使用感を表す言葉の経験がない」…0点

のは「なめらかな指どおり」や「香り」に関する言葉が多く，これらがシャンプーの心地良さを感じる重要な要素であることがわかる。そこで，本報では，心地良さを感じる機能の中から「なめらかな指どおり」について論ずる。

4　なめらかな指どおりとは

　我々は，なめらかな指どおりとは，「シャンプーを洗い流している最中に，毛髪が指に引っかからないこと」と定義した。シャンプーが洗い流されてヌルつきが無くなり洗浄が終了したと判断した時点で，毛髪が指に引っかかる，いわゆる「きしみ感」を感じると，洗いごこちの良くないシャンプーという評価につながる。逆に，指に引っかからず「なめらか」であると，洗いごこちの良いシャンプーという評価につながる。

　2種類の市販品シャンプーAとBについて，官能評価方法の訓練を積んだ試験員（専門パネル）7名によって洗髪中のすすぎ時の指どおりを官能評価で評価したところ，A＜Bであった。次に5％～0.005％までの濃度のシャンプー水溶液を調整し，各シャンプー液中に毛束を1分間浸漬したときの毛束の「きしみ感」を専門パネル2名によって官能評価で評価したところ，シャンプー濃度が0.05％のときの「きしみ感」の有無でシャンプーの指どおりのなめらかさを評価できることが判明した[2]。

5　なめらかな指どおりを生み出す技術

　毛髪は，硬たんぱく質であるケラチンで構成されており，その表面は負の電荷を持っている。界面活性剤だけで毛髪を洗浄すると，きしみ感が強く，とても使用に耐えられるものではない。そのためコンディショニング成分を配合し，毛髪表面に吸着させることで，なめらかさを生み出しているのである。しかし通常，シャンプー中にコンディショニング成分を配合すると泡立ちが阻害されてしまう。そのため，その配合には様々な工夫をこらしている。

　コンディショニング成分としては①ペプチド化合物，②油性成分，③カチオン化高分子などがある。

　ペプチド化合物は，毛髪の構成成分であるケラチンと組成が似ているため毛髪に対する親和性が高い。特にパーマやブリーチなどの化学的処理をし，たんぱく質が流出して損傷している毛髪での吸着量が多い[3]。ペプチドとしては，シルクやコラーゲン，ケラチン，大豆などから得られたものが汎用されている。N末端をカチオン化して毛髪への吸着量を高めたタイプも使用される。

　油性成分としては，エステル油やシリコンが使用される。特に，シリコンは乾燥後の毛髪のすべり性も向上するため汎用されている。シャンプーの成分の7割は水であるため，油性成分は配合しても分離してしまうことが多い。そこで，油性成分をあらかじめ乳化し，O／Wエマルジョンとしてから配合することで配合安定性を高める工夫も行われている。さらに，カチオン化高分子を併用して配合することで毛髪へのシリコンの吸着性を高める技術[4,5]も知られている。

　カチオン化高分子は，セルロースやグアガムといった天然系のものやアクリルアミド／ジアリルジメチルアンモニウムといった合成系の高分子が使用されている[6]。特に，アニオン界面活性

剤とカチオン化高分子との複合体（コアセルベート）は，良好なコンディショニング剤として知られており[7]，現在市販されているほとんどのシャンプーでこの技術が使われている。

6　コアセルベート

界面活性剤濃度が高いとカチオン化高分子は可溶化され透明に溶解しているが，すすぎ時に水で希釈されると水に不溶な複合体が析出する。この水不溶物がコアセルベートである。一定の割合で希釈したシャンプー溶液の濁度を測定することで，コアセルベートの析出量が測定できる。図1に官能評価で使用したシャンプー A，B のコアセルベート析出量を示す。指通りの良いシャンプー B はコアセルベート析出量が多く，低濃度でもコアセルベートが析出していることがわかる。この，コアセルベートの析出にはカチオン化高分子の濃度[8]分子量，電荷密度[9]塩濃度[9]が大きく関与することが知られている。

図2に，シャンプー濃度0.05〜5％のシャンプー A，B の溶液を調整し，その中に1分間浸漬させた毛髪の表面変化の状態を顕微鏡観察した写真を示す。官能評価で指通りが良いと評価されたシャンプー B では，0.5％以上で明らかなコアセルベートの吸着が見られた。一方で，指通りが悪いと評価されたシャンプー A では，いずれの濃度でも毛髪表面への付着物が見られなかった。このことから，シャンプーすすぎ時に析出したコアセルベートが毛髪表面に付着し，潤滑剤として働くことで，シャンプー時のなめらかな指通りを実現していることがわかる。

さらに，コアセルベートの組成を調べるために，付着物の FT-IR 測定を行った。シャンプー動作を模擬するため，泡立て時の濃度である5％での付着物そのものと，付着物を蒸留水で洗い流した残留物を測定した。その結果を図3に示す。$1600\,cm^{-1}$，$1400\,cm^{-1}$ 付近のピークはカルボン酸の C = O 結合によるものであると考えられる。また，$2800\,cm^{-1}$ 付近のピークは分子内水素結合，$3400\,cm^{-1}$ 付近のピークは分子間水素結合，あるいは自由 OH を示す。これらのピー

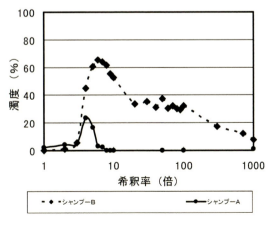

図1　シャンプー濃度とコアセルベート析出量の関係

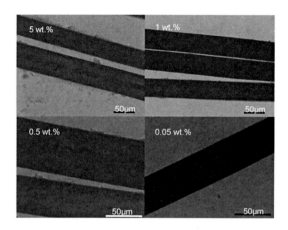

図2　シャンプーB処理後の毛髪表面の顕微鏡写真[10]

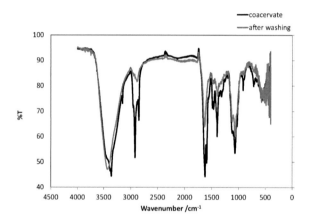

図3　すすぎ前後の付着物のFT-IRスペクトル[10]

クが洗浄後に小さくなっていることから，洗浄後では界面活性剤は洗い流されコアセルベートが崩壊し，カチオン化高分子のみが表面に残っていると考えられる[10]。

7　反力積分値による毛髪すべり性測定

　毛髪の指どおりを測定する方法はいくつか提案されているが，シャンプー時のきしみ感を評価するには十分ではなかった。そこで，図4に示す小型万能試験機（EZ-Test，島津製作所）を用いた反力測定により評価を試みた。

　専門パネルテストで使用したシャンプーAとBで処理した毛束（長さ28 cm，重量8 g）を用い，始点から5，10，15 cmの区間のコーミング距離で反力を積分した。毛束本来の特性による反力積分値の絶対値のばらつきが大きかったため，各毛束を水のみで処理した値を100として

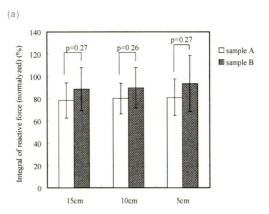

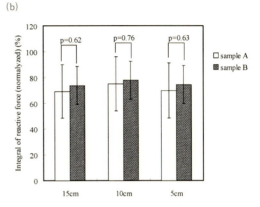

図4　毛髪の反力測定の実験系

図5　シャンプー濃度(a) 0.05 %，(b) 0.5 %に
おける反力積分値

シャンプー処理時の反力積分値を規格化した。その結果を図5に示す。シャンプーA，Bの反力積分値には官能評価と同様に，シャンプー濃度 0.5 ％よりも 0.05 ％で差が大きくなった[11]。

　反力積分値が小さいということは，指どおり時に手に作用する反力が小さいことを示しており，官能評価の結果とも一致した。このことから，反力積分値により毛髪のすべり性を評価できる可能性が示された。

8　シャンプーの感性機能設計

　泡量の多いシャンプーは良いシャンプーである。本当であろうか？　泡量が多すぎると，泡立てているときに目に入ってしまったり，いつまですすいでも泡が消えなかったりするため評価が悪くなってしまう。つまり，シャンプーに求められる機能は，「良い — 悪い」「ある — ない」という物理化学的評価だけではなく，「好き — 嫌い」という感性（嗜好）で評価される。

　例えば，昭和40年代までの洗髪頻度は週に2〜3回であったので「洗浄力」が選択ポイント

であった。それが昭和50年代以降になると，毎日洗髪するようになったため「ダメージケア」が重要になった。昭和60年代になると1日2回洗髪するようになり，朝，手早く洗える「リンスインシャンプー」のブームが起こった。また，ヘアスタイルの変化もシャンプーの機能に影響を与えてきた。平成に入り，「茶髪」が流行した頃は，ブリーチ処理によってダメージを受けた毛髪のコンディショニング効果が高いシャンプーが好まれた。近頃では，「盛り髪」をつくるのに整髪剤を使うため，すっきり洗えるシャンプーが好まれるようになってきている。

このように消費者の生活習慣やヘアスタイルが変わるとともに，シャンプーにもとめられる機能も変化してきたのである。

消費者に好きと評価される機能を物理化学的用語に置き換え，その性能を数値化して処方化していくことがシャンプーの感性機能設計なのではないだろうか。

9　今後の展望

消費者の変化を敏感にとらえ，嗜好に合わせた機能をもつシャンプーを提供していくことは重要である。しかし一方で，画期的な技術に基づく新たな機能を提供し，嗜好に左右されない性能をもつシャンプーの開発にもチャレンジしていくことも忘れてはならないと考えている。

文　　献

1)　三井美恵子ほか，日科技連官能評価シンポジウム要旨集，113-120 (1991)
2)　Yoko Akiyama *et al.*, World Automation Congress 2010, ISSCI214 (2010)
3)　箕輪輯二ほか，フレグランスジャーナル，**31**, 73 (1978)
4)　特許公報，第2611435号
5)　特許公報，特公平6-62392
6)　別府耕次ほか，油化学，**44**, 283-289 (1995)
7)　E. D. Goddard *et al.*, *J. Soc. Cosmet. Chem.*, **26**, 539 (1975)
8)　三宅深雪，Newsl. Chem. Soc. Japan, *Div. Colloid Suf. Chem.*, **24** (4), 10 (1999)
9)　柿澤恭史ほか，コロイドおよび界面化学討論会講演要旨集52, 246 (1999)
10)　Y. Akiyama *et al.*, IEEE SMC 2011 Conference Digest, D-37 (2011)
11)　Y. Akiyama *et al.*, The Proceeding of World Automation Congress 2010, ISSCI214 (2010)

※この論文は，「月刊機能材料2013年2月号（シーエムシー出版)」に収載された内容を加筆修正したものです。

第 13 章　ユーザの特性に合わせた操作しやすい
タッチパネル情報端末の GUI 設計

西村崇宏[*1]，土井幸輝[*2]，藤本浩志[*3]

1　はじめに

　スマートフォンやタブレット等のタッチパネルが搭載された情報端末は近年で急速に普及しており，1 日あたりの利用時間の増加や関連サービスの多様化といった質的変化からもわかるように，我々の生活になくてはならないものになりつつある。2017 年に公表された総務省の調査結果[1,2]によると，PC を保有している世帯の割合が低下傾向にあるに対して，スマートフォンやタブレットの世帯保有率は年々増加しており，2016 年におけるスマートフォンの世帯保有率は PC と同程度の 71.8 ％になっている（図 1）。スマートフォンは，1 人 1 台の個人用情報端末として保有されることが多いが，2016 年における年代別の個人保有率（図 2）を見てみると，13 歳から 40 歳代までの年代で 70 ％を超える保有率であり，特に 20 歳代では 94.2 ％と非常に高い割合であることがわかる。ちなみに，全年代の平均個人保有率は，2011 年に 14.6 ％であったが，

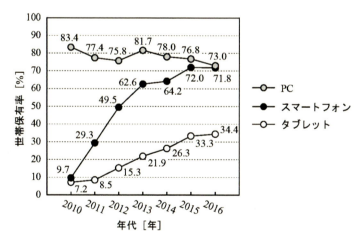

図 1　情報通信機器の世帯保有率の推移
（総務省のデータ[1]を基に筆者がグラフを作成）

＊1　Takahiro Nishimura　国立特別支援教育総合研究所　発達障害教育推進センター　研究員
＊2　Kouki Doi　国立特別支援教育総合研究所　研究企画部　主任研究員
＊3　Hiroshi Fujimoto　早稲田大学　人間科学学術院　教授

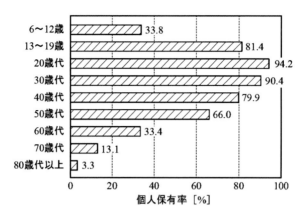

図2 スマートフォンの年代別個人保有率（2016年）
（総務省のデータ[2)]を基に筆者がグラフを作成）

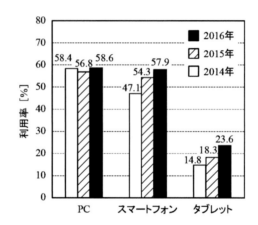

図3 インターネットの端末別利用状況
（総務省のデータ[1)]を基に筆者がグラフを作成）

2016年には56.8％となり，5年間で約4倍に増加していることからも，個人用情報端末として
スマートフォンが急速な普及を遂げたことが伺える。また，図3に示したインターネットの端末
別利用状況を見ると，スマートフォン，タブレットともに年々利用率は増加してきており，2016
年にはPCとスマートフォンの利用率は同程度になっている。スマートフォンの特長の一つに，
従来の携帯電話（フィーチャーフォン）よりも高度な情報収集及び発信が可能であるという点が
挙げられる。例えば，災害時には，アプリケーションやSNS（Social Networking Service）を
利用することで情報収集が可能であり，昨今，その重要性はますます高く認知されるようになっ
てきた。こうした社会的背景を受けて，今後もスマートフォンの普及は進んでいくことが予想さ
れている。タブレットについては，スマートフォンほどの保有率やインターネット利用率には
至っていないものの，個人用情報端末としてだけではなく，ビジネスや医療，教育，観光，防災

等の多岐にわたる分野で活用が進んでいる。例えば，教育の分野では，2010 年に文部科学省から「教育の情報化に関する手引」[3] が公表される等，学校教育における ICT（Information and Communication Technology）機器の活用促進や環境整備等に関する早急な対応が求められている。こうした状況の中，タブレットを利用したデジタル教科書・教材に関する授業方法の検討や，教員や子どもが使用する上での人間工学的視点からのガイドラインの作成等について活発な議論が進められてきており，大きな注目を集めている。

　タッチパネル情報端末では，出力インタフェース（ディスプレイ）と入力インタフェースの 2 つの機能が画面上に統一されているため，マウスとカーソルの関係のようなマッピングが省略されていることや，マルチタッチによって多様で複雑な操作方式が実現できること等から，直感的で自然な UX（User Experience）をユーザに提供することができる。また，デザイナの設計次第で画面上にあらゆる GUI（Graphical User Interface）を表示させることができるため，ユーザインタフェースとしての表現の自由度が非常に高い。しかし，このことは同時に，GUI の設計次第では，タッチパネルのユーザビリティ[4] を十分に高めることができない可能性も示唆している。そのため，評価実験等を通じてユーザの特性を把握し，設計に反映させることが重要である。

　本章では，我々の生活に深く浸透しつつあるタッチパネル情報端末に着目し，筆者らが行ってきた研究の紹介を交えながら，ユーザの特性に合わせた操作しやすい GUI 設計について述べる。

2　ユーザの特性評価と設計への応用

　ここでは，タッチパネル情報端末における操作しやすい GUI 設計に向けて，ユーザの特性を把握するために，筆者らが行ってきたユーザビリティ評価実験について述べる。

2.1　ユーザの身体寸法を考慮した GUI 設計

　年齢や障害特性，身体寸法といった多様な要因によって，ユーザビリティを確保する上で配慮すべき点は異なってくる。スマートフォンユーザの多様性について考えると，身体寸法として指の長さが一例に挙げられる。筆者らは，スマートフォンの片手操作のパフォーマンスに親指の長さがどのように影響するのかを実験により評価した[5]。実験では，親指の長さが異なる 2 つの群の実験参加者を対象にして，スマートフォンの画面上に表示される十字のターゲットを右手でポインティングする際の正確度や時間を計測した。2 つの群は，日本人の親指の長さの平均値（60.8 mm）と標準偏差（3.4 mm）を踏まえて，57.4 mm より長く 64.2 mm より短い平均的な長さの群と，64.2 mm 以上の長い群に分けた。結果の一部を図 4 に示す。ポインティングの正確度を表す絶対誤差（Absolute Error）の結果では，親指の長さによって画面上での値の分布傾向に違いがみられ，親指の関節を深く屈曲させて操作を行う必要がある画面右下の領域では，親指が長い群のほうがポインティングの正確度が低下した。ポインティング時間の結果については，画

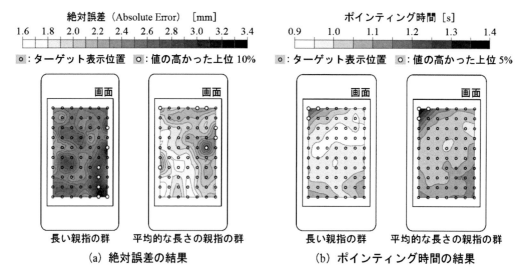

絶対誤差（Absolute Error）［mm］

1.6　1.8　2.0　2.2　2.4　2.6　2.8　3.0　3.2　3.4

◎：ターゲット表示位置　◎：値の高かった上位 10%

ポインティング時間［s］

0.9　　1.0　　1.1　　1.2　　1.3　　1.4

◎：ターゲット表示位置　◎：値の高かった上位 5%

長い親指の群　　平均的な長さの親指の群

（a）絶対誤差の結果

長い親指の群　　平均的な長さの親指の群

（b）ポインティング時間の結果

図4　スマートフォンに対する親指の長さが異なるユーザの操作特性

面上の値の分布傾向に大きな違いはみられず，両群ともに親指の届きにくい画面左上で時間がかかった。ただし，ポインティング時間の値は平均的な親指の長さの群のほうが高く，単純なポインティング操作に 1.4 秒程度の時間を要していた。

　こうした知見を踏まえて GUI を設計する場合は，ユーザの親指の長さによらずに正確かつ速く操作できる画面上の領域に，頻繁に使用する GUI を配置する等の工夫が施せると考えられる。

2.2　画面表面での指先の滑りやすさを考慮した GUI 設計

　タッチパネル情報端末の使いやすさに影響を及ぼす要因の一つとして，ハードウェアの物理的特性が挙げられる。例えば，学校教育現場でタブレットによる書字の学習を行う場面等では，画面表面における指先の滑りやすさが操作性に影響を及ぼすとの指摘がある。そこで筆者らは，タブレット画面の表面特性が指先の滑りやすさと操作性に及ぼす影響を実験により評価した[6]。まず，滑りやすさが主観的に異なるフィルムを用意し，表面の算術平均粗さ Ra と指先の動摩擦係数 μ' を計測することで，指先の滑りやすさを定量的に評価した。その結果，算術平均粗さ Ra の値が小さく，表面が平滑であるほど，指先の動摩擦係数 μ' の値は大きく，滑りにくくなることがわかった（図5）。次に，これらの指先の滑りやすさが定量的に異なるフィルムを用いて，丸，三角，四角の単純な幾何学図形を指先でなぞるトレース課題を行い，フィルムごとに基準線からのずれの程度を比較した。その結果，指先の滑りやすさによって課題の作業成績に差がみられ，三角や四角を構成する直線や斜線をトレースする場合には表面の摩擦抵抗が大きいほうが正確に操作でき，丸を構成する曲線をトレースする場合には適切な範囲の摩擦抵抗があることによって操作の正確さが向上すること等がわかった。

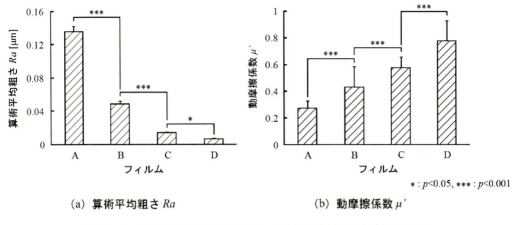

（a）算術平均粗さ *Ra*　　　　　　　　（b）動摩擦係数 μ'

図5　フィルム表面の算術平均粗さ *Ra* と指先の動摩擦係数 μ' の計測結果

こうした知見は，指先でのトレース操作を要求する GUI の設計や，タッチパネル情報端末の画面に貼る保護フィルムの表面設計等で活用されることが期待される。また，保護フィルムの表面設計では，操作性への影響とあわせて，「つるつる」や「さらさら」といった触感も重要な設計因子になると考えられる。

2.3　操作方法や手指の姿勢を考慮した GUI 設計

スマートフォンやタブレットでは，その可搬性も大きな特長の一つである。手軽に持ち運べ，あらゆる状況で使用されるため，多様な操作環境の下でも一定の操作性を確保することが必要である。そこで筆者らは，スマートフォンの操作方法と操作性の関係を調べるための実験を行った[7]。まず，日常的にスマートフォンを使用している成人男女50名に対して，操作方法に関する簡易的なアンケートを行った。具体的には，比較的高い精度での操作が要求される Web 上でのテキストリンクのタップや文字入力のためのオンスクリーンキーボード操作を想定し，普段最も多く行っている操作方法を聞いた。その結果，片手で操作を行っていたのは41名（82 %），両手での操作は7名（14 %），その他の操作方法は2名（4 %）であった。こうした操作方法の違いによってポインティングの特性は相違するのかを調べるために，十字のターゲットをポインティングさせる単純な課題を行い，ポインティング位置の分布を調べたところ，図6に示すような結果が得られた。これは，画面左上隅に表示されるターゲットに対する結果である。片手操作では，両手操作よりも，ポインティング位置の分布がターゲットの中心に対して右下方向に偏っていることが確認できる。これは，ターゲットの表示位置が画面左上隅であったことから，片手操作では親指を大きく伸ばさないと指先がターゲットに届かないため，指先を自然に到達させることのできる範囲に向かってポインティング位置の分布が偏ったことが原因であると考えられる。

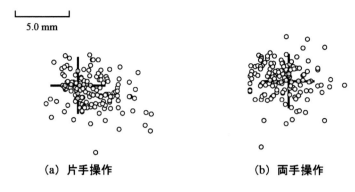

5.0 mm

(a) 片手操作　　　　　　　　　(b) 両手操作

図6　スマートフォンの操作方法ごとにみたポインティング位置の分布

こうしたポインティング特性に関する知見は，ボタン等のサイズやタッチ感知領域の設計に応用できると考えられる。

3　タッチパネル情報端末のアクセシビリティ

ユーザインタフェースの設計に際して，年齢や障害特性，身体寸法，知識，技能，文化，嗜好といったユーザの多様性への配慮は重要である。特に，不特定多数のユーザがアクセスする現金自動預払機（ATM）や券売機等の公共機器の設計においては重要な視点となってくる。タッチパネルは，画面上に凹凸や触覚上の手掛かりがなく，操作の大半を視覚からの情報に頼らざるを得ないため，タッチパネルが普及し始めた当初から，視覚障害児・者に対するアクセシビリティの確保が指摘されてきた。筆者らは，スマートフォンのテンキー操作において，触覚上の手掛かりが操作のパフォーマンスに及ぼす影響を試験的に計測した（図7）。実験では，テンキーの操作部を実験参加者から視覚的に遮蔽した状態で0から9までの数字を順次提示し，50回続けて入力させる課題を成人男女10名に課した。そして，50回の入力におけるエラー率を算出し，テンキーの5番キー上に触覚上の手掛かりとして凸点がある条件とない条件で比較した。その結果，凸点がある条件のほうがエラー率は有意に低かった。これは，触覚上の手掛かりとして凸点があることによって，テンキーに配列された各数字の相対的な位置関係が把握しやすくなったためであると考えられる。こうした単純な実験の結果からも，画面上に凹凸や触覚上の手掛かりがないタッチパネル情報端末を視覚情報なしに操作することの難しさが伺える。

こうした問題については，学術的な研究も数多く行われており，公共機器や市販のスマートフォン，タブレット等においてもアクセシビリティに配慮した様々な設計がなされている。例えば，金融機関では，音声案内のためのハンドセットやテンキー，残高を知らせる点字ディスプレイ等を備えた視覚障害者対応ATMの設置が進められてきており，2017年3月末時点では全金融機関の約86％に設置されている[8]。また，市販のスマートフォンでは，障害児・者に対する

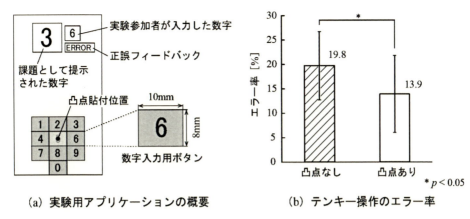

（a）実験用アプリケーションの概要　　　　（b）テンキー操作のエラー率

図 7　スマートフォンのテンキー操作における触覚上の手掛かりの有無とエラー率の関係

標準的なアクセシビリティ機能として，音声読み上げ機能や点字ディスプレイでの点字出力，画面の色反転，ホワイトポイントの調整等が可能となっている。

　部品点数や故障率の低減によるコスト削減，衛生面やデザイン性の高さ等から，公共機器を含む物理的なスイッチやボタン等の SUI（Solid User Interface）がタッチパネルに置き換わりつつある。こうした状況の中，障害者や高齢者を含む多くのユーザにとってタッチパネル情報端末が使いやすいユーザインタフェースとなるように，評価研究を通じて多様なユーザの特性を把握するとともに，そこで得られた知見に基づくアクセシビリティ指針のより一層の整備を進めていくことが求められる。

4　おわりに

　本章では，あらゆる分野で普及が進むタッチパネル情報端末を取り上げ，筆者らが行ってきた研究の紹介を交えながら，ユーザの特性に合わせた操作しやすい GUI 設計について述べた。ここで示した知見が，操作しやすく，使い心地の良いタッチパネル情報端末の設計に寄与できれば幸いである。

文　　　献

1)　総務省，平成 29 年度版 情報通信白書，pp. 2-13（2017）
2)　総務省，平成 28 年度通信利用動向調査の結果（概要），pp. 1-7（2017）
3)　文部科学省，教育の情報化に関する手引，（2010）

4) ISO 9241-11, Ergonomic requirements for office work with visual display terminals (VDTs) -- Part 11: Guidance on usability (1998)

5) T. Nishimura, K. Doi, H. Fujimoto, Relationship between Thumb Length and Pointing Performance on Portable Terminal with Touch-Sensitive Screen, *World Academy of Science, Engineering and Technology, International Science Index, Bioengineering and Life Sciences*, **4**, No. 8, (2017)

6) 西村崇宏, 土井幸輝, 藤本浩志, タッチパネルタブレット端末におけるディスプレイの表面特性が操作性に及ぼす影響, 日本感性工学会論文誌, **12**, No. 3, pp. 431-439 (2013)

7) 西村崇宏, 土井幸輝, 藤本浩志, タッチパネル携帯端末の操作方法がポインティング特性に及ぼす影響, バイオメカニズム, **22**, pp. 119-128 (2014)

8) 金融庁, 障がい者等に配慮した取組みに関するアンケート調査の結果について (速報値), (2017)

第14章　柔らかいロボットの開発

長谷川晶一[*1]，三武裕玄[*2]

1　はじめに

ヒューマンインタフェースとしてロボットは，人と直接触れ合うことができる，そこに実体が有ることによる存在感を持つという大きな利点を持つ。ロボットの触感の追求と力の人への提示は，触れ合うことができるという利点を活かすための必然的な課題だと言える。一方で，生活の中で老若男女と触れ合うことを考えると，不用意なインタラクションにおいても人を傷つけない安全性と人が力を加えても壊れない耐久性も望まれる。

人に触れられるための機械として力覚インタフェースが研究されてきたが，姿を視覚提示しつつ力覚提示できるようなロボットはSekiguchiらのRobot-phone[1]やMinatoらのCB2[2]など限られる。

我々は，人や動物を模した姿と動作が可能で，人に触れられ触感や力を提示することを目的に，糸の張力と綿の復元力による屈曲機構を用いた，可動部が芯まで柔らかいぬいぐるみロボットを提案してきた[3]。本稿では，原理的に安全で破損しにくい機構の条件を考え，そのような機構を用いて作成した前述のロボットとその制御について解説する。

2　人を傷つけず，自らが壊れないロボット

生活の中で人と触れ合うロボットでは，想定を越えるインタラクションがなされた場合にも安全で破損しないことが望まれる。物や身体は限度を越える力が掛かると破壊する。逆に言えば，大きな力が集中して掛からなければ傷害や破損を防ぐことができる。

2.1　力や圧力を拡大する機構

梃子や楔，ネジ，歯車など動きを縮小して力を拡大する機構は，利用者の操作によって大きな力を発生させ得るので破壊を引き起こすことがある。また，針や釘のように固く鋭い部分を持つ物は，小さな面積に集中して力を加えられるため，大きな圧力による傷害や破損を起こし得る。

＊1　Shoichi Hasegawa　東京工業大学　科学技術創成研究院　未来産業技術研究所　准教授

＊2　Hironori Mitake　東京工業大学　科学技術創成研究院　未来産業技術研究所　助教

2.2 慣性力

運動方程式 $f = ma$ から，質量 m と加速度 a の積が大きくなると力 f が大きくなることが分かる。梃子や鋭い部位がなくても，大きな質量 m を持つ物体が運動すれば，静止物体との間に大きな力が生じ得る。物体を急に加減速させる現象，例えば硬い物体の衝突は大きな加速度を発生させるので，質量が小さくても傷害や破壊を起こし得る。逆に柔らかい素材を表面に貼り，衝突が時間を掛けた変形として起こるようにすれば，速度差が大きくても加速度は小さくなるので大きな力が働かない。Bicchi ら[4]は，弾性，質量と安全な速度の関係を解説している。

2.3 コンプライアンス性の高い関節，ロボット

慣性力の観点から安全性や協調作業性を考えると，重い機構をコンプライアンス性の低いアクチュエータで駆動するよりも，軽い機構をコンプライアンス性の高いアクチュエータで駆動するほうが良い。このため，関節コンプライアンスの調整機構[5]や軽い機構の力制御によるロボットアーム[6]が提案されている。また，衝突力の低減と計測や触感を考慮してゴムで表面を柔軟にしたロボット[2]も提案されている。

2.4 全体が柔軟な機構

全体が柔軟な機構は，慣性力だけでなく，力や圧力の拡大を予防する観点からも安全性が高く，破損しにくい。硬いリンクと関節は梃子として働くが，全体が柔軟な機構では関節に掛かる力がリンクの柔軟性により制限される（図1）。さらに，内視鏡等に用いられている糸で引かれて屈曲する機構や，流体で膨らんで屈曲する機構は，分散して屈曲するので梃子として働かず力を拡大しない。また，糸や流体よる駆動は，動力源と可動部を離すことができるので，硬い動力源をロボットの中心に纏めることを可能にする。これらの機構の原理[7,8]は昔から知られているが，近年全体が柔軟な機構が提案されている[9,10]。生物の構造を模す研究[11]だけでなく，安全で安価という観点から実用をめざす[12,13]動きもある。樹脂製網構造の直径を SMA アクチュエータで制御した上で糸で屈曲させるもの[11]，布やシリコンゴムを空気圧で膨らませて駆動するもの citeAnnanMozeika[13,14]などが提案されている。

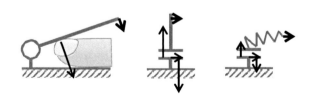

図1　梃子になり傷害を起こし得る関節（左），安全だが
　　　破損し得る関節（中）と破損しない関節（右）

3　ぬいぐるみによる屈曲機構

　我々は触感が良く安全で耐久性の高いロボットの機構としてぬいぐるみに着目した。ぬいぐるみは綿が復元力を持つため，糸で引くだけで屈曲機構[7]として働く。糸による屈曲機構には張力に対抗しつつ曲がる機構や素材が必要であり，内視鏡ではゴムチューブや蝶番を繋いだ機構が用いられている。ぬいぐるみロボットでは，綿を詰めた布の袋（綿袋）を用いる。綿袋の構造と働く力を図2に示す。

　綿を詰め込むと復元力が圧力のように全方向に働き綿袋が膨らむ。糸を引くと糸張力により片側の綿が圧縮され綿袋が屈曲する。また，屈曲が起こると曲率に比例して張力 T の分力による線圧力 $N_T = rT$ ［N/m］（r：曲率）が布を引き，布袋を曲げる向きに働く。

　この機構の動作は，図3のように綿をリンクとバネに置き換えて考えると，1本の糸により多数の関節を劣駆動していることがわかる。綿袋の綿はバネのように復元力を持つので，図3右下のようにバネが各関節の変位を均等にするように働く。このため，外力が定まれば姿勢が定まる。

3.1　素材等の選定

　機構としての機能，耐久性，触感を考えて次のように素材やアクチュエータを選定した。

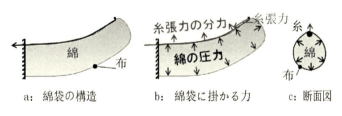

a：綿袋の構造　　　b：綿袋に掛かる力　　　c：断面図

図2　綿袋の構造

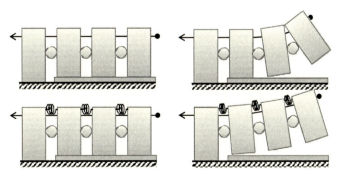

図3　バネによる変位の均等化

3.1.1 綿

ぬいぐるみやクッションの中材には，ウレタンチップ，木綿の綿，ポリエステルの綿，羽毛などが用いられるが，圧縮後の復元しやすさは中材によって異なる。本機構では復元力が強く，何度も圧縮しても元に戻る中材が望ましい。復元しやすいポリエステル綿を中心に様々な中材を試したところ，㈱アライ製のポリエステル特殊綿「つぶつぶ手芸わた」に行き着き用いている。手芸用の綿は，ポリエステル繊維をシリコンコーティングで潤滑してあり，摩擦が少なく復元率が高い。

3.1.2 糸

屈曲させるための糸には，破断強度に加え，プーリーでの巻取りのためのしなやかさ，制御性のための低摩擦性と伸びの少なさが求められる。釣糸として市販されている超高分子量ポリエチレンの繊維を束ねた糸は，これらを満たす。質量あたりの破断強度は，鋼鉄やケブラーより強い。力覚インタフェース SPIDAR[15]でもこの糸を用いている。

3.1.3 布

布は綿の圧力を受け止めるため円周方向に伸びてはならない。また屈曲を妨げないための柔軟性が必要になる。現在は薄手（120 g/m²）の木綿の布を用いている。

3.1.4 外皮とクッション

ロボットには外皮をかぶせる。通常，ぬいぐるみは胴体と手足を別々に作り接合するが，ぬいぐるみロボットの場合はきぐるみのようなロボット全体を包む外皮にする。手足の綿袋の外径と外皮の内径には余裕を無くしてずれを防ぐ。ロボットの体幹部はアクチュエータや制御回路といった硬い物を格納する必要がある。体幹部を表面から離し，柔軟にするため，綿を布で包んだクッションを体幹部に巻きつけ，その外側に外皮がかぶさる構造にしている。

ロボットの動きを妨げないようにするため，外皮にはしなやかな布地を用いる必要がある。ぬいぐるみの外皮には，毛足の長いパイル織りのパイルを切断し，糸の撚りを解いて作られる，フェイクファーを用いることが多い。しかし，毛足が長く滑らかな触感のフェイクファーは，抜け毛を防ぐ加工のために裏地が固く伸縮しないものが多い。毛並みと布地の柔らかさ，伸縮性，毛の抜けにくさのバランスから，片面起毛で毛足15 mm程度のプードルファーを用いた。プードルファーもフェイクファーの一種だが，毛になる糸が柔らかく太いため裏地から抜けにくい。ただし，汚れやすく洗濯すると毛が固まるという問題もある。

3.1.5 糸を巻き取るアクチュエータ

綿の復元力に対抗するため糸にはある程度大きな張力が必要になる。また，体幹部に収めるために小型軽量で，触感や印象に悪影響を与えないために音や振動が少ない物が良い。そこで，Maxon 社製のギアードモータ（RE10 1.5 W ＋ 16：1 遊星減速機）を用いた。最大張力は20 N程度になる。糸がはずれて絡まないようプーリーをカバーで覆い，カバーの穴から糸を引き出す。

3.2　糸の組み合わせと配糸

綿袋の布に糸を通すとその向きに屈曲するので，3本の糸で任意向きの屈曲が実現できる。また，糸の通し方により先端だけを曲げることもできる（図4）。さらに，綿袋の付け根まで糸をチューブで覆うことでモータを自由に配置できる。

3.3　長軸回りの回転関節

首を振る動作のために，首の関節には綿袋長軸周りの回転が必要になる。複数糸を組み合わせても，綿袋を捻る動きを作り出すことは難しい。例えば，図6のように糸を張っても，捻りは作り出せない。複数の糸により無理に捻りを作り出すと，綿袋の容積を減じる変形となるため大きな力が必要なうえ，復元しなくなる。

一方，リンクの長軸回りに回転する関節は力を拡大しない。リンクが長く硬いと関節に掛かる力は拡大されるため破損し得るが，リンクが柔軟な場合は関節に掛かる力も拡大されない（図1）。そこで，綿袋の根本を関節で回転させた（図5）。

糸1　糸2
糸の配置　　b: 糸1を引く　糸2を引く　　同時に引く

図4　複数糸を組み合わせた機構

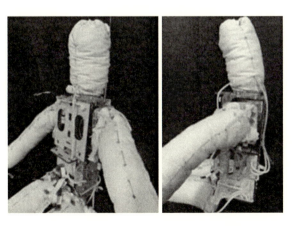

図5　チューブを用いた配糸と首の機構

図6　斜めに糸を張った場合の変形例
綿袋を撚る動きは僅かしか生じない。

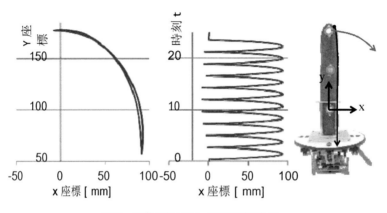

図7　屈曲を繰り返した際の手先軌跡

3. 4　繰り返し精度と提示可能な力の範囲

　綿の変形や綿袋内部の摩擦により綿袋の屈曲にはヒステリシスが生じかねない。そこで同一の動作指令を繰り返し与えた場合の手先軌跡を計測した（図7）。糸が緩む初期位置はばらつくが，糸を引く到達位置のばらつきは少ない。

　また，負荷が掛かると繰り返し精度が悪化することが考えられる。図8右のように，直径4 cm の袋に 71 kg/m^3 になるように綿を詰めて，負荷を加えた状態での手先軌道を計測した。270 mm の綿袋を根本から 100 mm の位置で支え，マーカーの位置を計測した。その結果，60 g，90 g の重りを付けた場合でも手先を動かすことはできるが，綿が復元しないため軌道が徐々にずれてしまうこと，30 g の重り＝0.3 N 程度の負荷であれば，繰り返し動作が可能だと分かった。なお，機構が発揮できる力は，綿袋の太さと綿の詰め方で変化する。

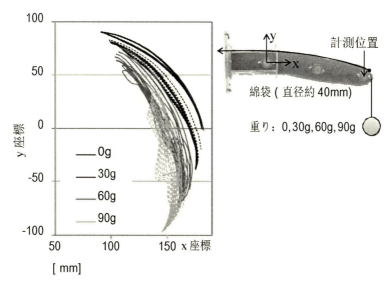

図8　荷重を加えた場合の手先の軌跡

4　ぬいぐるみロボットの制御

3節に記したように，綿がバネとして働き屈曲量を均等にするため，劣駆動機構ではなくコンプライアンスの高い全駆動機構と考えることができる。また，綿袋機構はある程度の繰り返し精度を持つ（3.4節）。そのため，負荷が小さい状況であれば，運動学計算に基づいて制御できる。

4.1　計測データに基づく運動学・逆運動学計算

駆動自由度を手先座標に変換する順運動学は綿袋の変形に依存するため，機構から直接式を求めることは難しい。そこで，糸長に応じた手先位置を計測記録し，計測データを用いて順運動学計算を行う。

糸は引くことしかできないため，例えば綿袋を2自由度自由な向きに屈曲させるためには3本の糸が必要になり，最大2本を同時に引くことになる。3本を同時に引くと綿袋を短くする動きになるが，綿が圧縮され戻らなくなる。また，不必要に綿を圧縮しないよう糸の巻取り量に応じて使用しない糸を緩める。糸長と手先位置の関係は，2本の糸長を制御してそのときの手先位置を外界センサを用いて計測・記録する。

順運動学計算は指定された2本の糸長の近傍4点に対応する手先位置を補間することで行う。逆運動学計算は指定された手先位置を囲む4点を探索し，対応する糸長を補間することで行う。ヤコビ行列は運動学計算を複数回行い差分から求める。

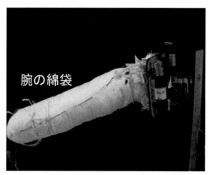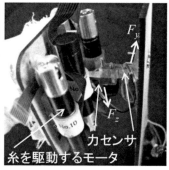

図9　腕の根本での外力計測

4.2　力制御

　力制御を行うことで，より柔らかい感触を提示したり，握手のような直接インタラクションの印象を変化させることができる。力制御には，バックドライバビリティの高いアクチュエータをで直接力を提示する方法と，力センサで外力を計測して外力が目標値となるように手先位置を制御する手法がある。綿袋機構では，糸と綿袋に摩擦があるため，直接力を提示する手法は適さない。そこで，外力を計測して位置制御する手法を用いる。

4.2.1　力計測

　糸張力から外力を計測することも試みたが，糸の摩擦が無視できず難しかった。杉浦ら[16]の綿の変形を直接計測する手法もあるが，駆動と計測の自由度が対応するよう外力を直接力センサで計測した。図9のように，綿袋とモータを合わせた腕全体に掛かる外力を，腕と体幹の接合部に力センサ（トルクセンサ）を組み込んで計測する。センサはフォトリフレクタとジュラルミンの起歪体で構成した。

4.2.2　制御計算の分散処理

　力制御では，計測した力に基づいて手先位置の制御を行う。この制御ループは機構の時定数に対して十分速い必要があり，綿袋機構は軽量なため高速制御を要する。一方，4.1節の計測データによる運動学・逆運動学には，計測データを保持するためのメモリとそれを検索・補間する計算が必要なため，ロボットに組み込む制御用マイコンには荷が重い。そこで，マイコン上で動作する高速更新の力制御ループからは運動学計算を排し，ヤコビ行列を用いて力制御を行う。ヤコビ行列の更新はロボット外部の計算サーバを用いて低い更新速度で行う。計算サーバとロボットの通信は，無線LAN（802.11a）上でUDPプロトコルを用いて行う。

　目標の力をF_t，力センサで計測した力をF_c，現在の手先位置p_c，糸長の現在値q_c，力制御のゲインをk，ヤコビ行列をJとおくと，糸長の制御目標q_tは，

$$q_t = q_c + kJ\ (F_t - F_c) \tag{1}$$

と求まるので，これを高速更新する。一方，ヤコビ行列Jは，4.1節の方法で低速更新する。

5　ぬいぐるみロボットの動作生成

　ロボットを動作させるためには，動作データを再生したり，インタラクションに応じて生成したりして，制御目標を与える必要がある。

5.1　キーフレームの再生

　糸長を記録，再生することで，逆運動学計算をせずに動作の記録・再生を行うことができる。糸長を制御してロボットに望みの姿勢をとらせてその時の糸長を記録することでキーフレームを作成し，複数のキーフレームを時系列に並べて補間しながら再生することで滑らかな動作を再生できる。

5.2　外界センサ入力に応じた動作生成

　ぬいぐるみロボットを見ると，手を振るなどしてロボットの注意を引き，反応をみる人が多い。そこで，動きに反応してロボットが顔を向けたり手を伸ばしたりするデモを作成した[17]。ロボットの触感を損なうことがないよう，人の行動を計測するセンサは内蔵せず，深度付きカメラ（Microsoft Kinect）をロボットの背後に設置し，ロボットの位置と人の関節と手先の位置速度を取得する。動きの速い対象に視線を向けたり手を伸ばしたりする動作を，手先位置や首の向きの到達運動軌道により生成する[18]。図10にデモの様子を示す。

図10　体験者の行動に応じた動作生成の様子

6　ぬいぐるみロボットの機能と性能

綿袋機構の機能，性能を示すため，デモや実験結果について記す。

6.1　運動性能と力制御の効果

綿袋機構を4個取り付け，4足歩行をさせたところ，バッテリを内蔵した状態でカーペットの上を歩行できた（図11）。ロボットの自重は約1kgになった。

また，握手の際に力制御のゲインを変えてアンケートを行ったところ，好ましい―好ましくない，心が通じる―通じる，喜んで握手している―いやいや握手しているの4項目で有意差が得られた[19]。ただし，歩行と力制御は設計の異なるロボットで行った。

6.2　耐久性

我々は5年前からぬいぐるみロボットを作成してデモを行ってきた。当初は糸の絡まりや断線などのために短時間しか動作しなかったが，現在は1日メンテナンスなしで動作する。

綿袋機構がデモ中に破損したことはないが，糸の巻取り部分や減速機は，腕を素早く曲げたり，ロボットが腕を曲げている最中に素早く伸ばしたりといった無理なインタラクションにより破損することもあった。これらには糸長や力の制御により回避できる部分もあるが，トルクリミッタなど機構での対策が望まれる。

糸の絡まりは，使用しない糸を緩めすぎないことと糸を必要最小限の長さにすることにより改善した。その他，糸の固定点の補強が足りず綿袋から糸が抜けたり，チューブの切断部の固定が悪くチューブが糸により縦に切れたりといった細かな対策は数多く必要であった。また，ぬいぐるみは熱がこもるため，制御回路やモータの排熱のためにファンを用いている。

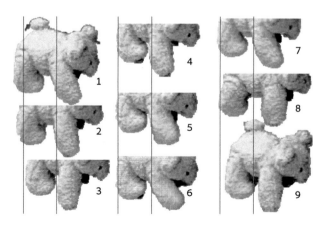

図11　歩行の様子
復元力を増すため綿を多く詰め，軽量化のため頭部の駆動機構を
外しているが，配線なしで歩行ができる。

7　今後の展望

　人と共に働くロボットを安全にするために，手先や関節の柔軟化，軽量化が行われてきた。人と触れ合うことを目的としたロボットでは，触り心地や安全性，耐久性から，機構全体が柔軟になるのではないかと思う。柔軟な動力源[20]や回路やエネルギー源も研究されており，全体が柔軟なロボットが利用されるようになるかもしれない。

　一方で我々は，綿袋による屈曲機構とその力制御だけでも，様々な用途があると考えている。そこで，機構を安価なモジュールとして頒布し，オープンイノベーションにのせることを目指している。安価な減速機を用いるとギアの振動や動作音が大きく，触感，ぬいぐるみの印象を損ねてしまう。振動が少なく安価な減速機を開発し，モジュールの頒布を実現したい。

文　　献

1)　D. Sekiguchi, M. Inami, N. Kawakami, I. Kawabuchi and S. Tachi, "Robot-phone", US Patent, US 20050078816 A1（2002）

2)　T. Minato, Y. Yoshikawa, T. Noda, S. Ikemoto, H. Ishiguro and M. Asada, "Cb2: A child robot with biomimetic body for cognitive developmental robotics", IEEE-RAS Intl Conf on Humanoid Robots, pp.557-562（2007）

3)　高瀬，三武，山下，石川，椎名，長谷川，"多様な身体動作が可能な芯まで柔らかいぬいぐるみロボット"，日本バーチャルリアリティ学会論文誌，**18**, 3, pp.327-336（2013）

4)　A. Bicchi and G. Tonietti, "Fast and "soft-arm" tactics [robot arm design]", *Robotics Automation Magazine, IEEE*, **11**（2），pp.22-33（2004）

5)　森田，菅野，"メカニカルソフトネスとコンプライアンス調節"，日本ロボット学会誌，**17**（6），pp.790-794（1999）

6)　K. Salisbury, "Whole arm manipulation", Proc. of the 4th intl symp on Robotics Research, Santa Cruz, CA, USA, pp.183-189（1987）

7)　M. M. Paul, "Gastrointestinal tube", US Patent, US2498692 A（1949）

8)　I. Gaiser, R. Wiegand, O. Ivlev, A. Andres, H. Breitwieser, S. Schulz and G. Bretthauer, "Compliant robotics and automation with flexible fluidic actuators and inflatable structures", Smart Actuation and Sensing Systems-Recent Advances and Future Challenges（2012）

9)　C. Laschi and M. Cianchetti, "Soft robotics: new perspectives for robot bodyware and control", *Frontiers in Bioengineering and Biotechnology*, **2**, 3（2014）

10)　S. Kim, C. Laschi and B. Trimmer, "Soft robotics: a bioinspired evolution in robotics", *Trends in Biotechnology*, **31**（5），pp.287-294（2013）

11)　C. Laschi, M. Cianchetti, B. Mazzolai, L. Margheri, M. Follador and P. Dario, "Soft robot arm inspired by the octopus", *Advanced Robotics*, **26** (7), pp. 709-727 (2012)

12) A. Mozeika, "Inflatable robot arm deployed from packbot", http://annanmozeika.com/wordpress/archives/1699 (2013)

13) Otherlab, "Solve for x: Saul griffith on inflatable robots", https://www.youtube.com/watch?v = tqP3IpEqkk4 (2013)

14) R. F. Shepherd, F. Ilievski, W. Choi, S. A. Morin, A. A. Stokes, A. D. Mazzeo, X. Chen, M. Wang and G. M. Whitesides, "Multigait soft robot", *Proceedings of the National Academy of Sciences*, **108** (51), pp.20400-20403 (2011)

15) Y. Cai, M. Ishii and M. Sato, "A human interface device for cave: size virtual workspace", *IEEE Intl Conf on Systems, Man, and Cybernetics*, Vol.**3**, pp.2084-2089 vol.3 (1996)

16) Y. Sugiura, G. Kakehi, A. Withana, C. Lee, D. Sakamoto, M. Sugimoto, M. Inami and T. Igarashi, "Detecting Shape Deformation of Soft Objects Using Directional Photoreflectivity Measurement", 24th annual ACM symposium on User interface software and technology, pp.509-516 (2011)

17) Y. Takase, H. Mitake, Y. Yamashita and S. Hasegawa, "Motion Generation for the Stuffed-Toy Robot", Proceedings of SICE Annual Conference 2013 (2013)

18) 三武, 青木, 長谷川, 佐藤, "精緻なフィジカルインタラクションにおいて生物らしさを実現するバーチャルクリーチャの構成法", 日本バーチャルリアリティ学会論文誌, **15** (3), pp.449-458 (2010)

19) Y. Li, N. Kleawsirikul, Y. Takase, H. Mitake and S. Hasegawa, "Intention expression of stuffed toy robot based on force control", Advances in Computer Entertainment Technology Conference (2014)

20) 安積, "人工筋肉へのソフトマテリアルの応用", 日本ロボット学会誌, **31** (5), pp.448-451 (2013)

第15章　自動車における感性設計

井上真理*

1　はじめに

　自動車は，現在はまだ，ガソリンエンジン車が主流ではあるが，ハイブリッド車が珍しくなくなった。10数年前から「地球温暖化対応」と「資源効率化」を重視することが求められ，次世代自動車としては電気自動車，燃料電池車などが開発され現実となっている。さらに交通事故減少，渋滞緩和，また高齢者・過疎地域対策などの要請により，自動運転車が脚光を浴びている[1]。

　自動運転の時代になると，車内で自由な時間が増え，車内環境の在り方も変わってくると考えられる。一方で，シェアリングビジネスが発達し，ライドシェアリングが普及し始めている。生活における自動車の位置づけも変化しているのであろう。これらのように，AI や IoT の発達により，自動車も自動車の使い方も大きく変化している状況があり，自動車には一層感性による評価が求められると考えられる。

　現在でも高級車を筆頭に，自動車の乗り心地，座り心地，自動車内装の感性設計が重要視され，シート，ステアリングホイール，ダッシュボード，ドアの内側に用いられる皮革やテキスタイルの緻密な性能設計がなされている。

　心地よさは，触覚・視覚・聴覚・嗅覚のそれぞれの感覚がかかわって総合的に人が判断しているものである。自動車という空間の中で，感性設計において視覚・触覚の影響は大きく，聴覚・嗅覚もそれぞれ影響を及ぼす。本章では，その中でも特に触覚に関わる触感の客観評価について述べる。

　人と触れて使われる材料の性能は，人の五感，特に触覚・視覚によって評価される。人体を覆い包む衣服の材料である布に関しては，風合い評価として人の触感を客観評価する研究が進展した[2,3]。評価対象は人との適合性，すなわち人体の動きとその適合性，皮膚接触時のなめらかさ，身体と布との間の空間形成能などの力学的適合性と熱・水分・空気の移動特性を通じての人体熱バランスとの生理的適合性である。力学的適合性については，布を手で触って評価する。手でものに触れることによって多くの情報を取り入れ，この触感に基づいて脳が価値判断や分別などの情報処理を同時に行っている。触感には表面特性だけでなく，材料の曲げ剛さや弾力など布の力学的性質がかかわっている。自動車のシートもハンドルもダッシュボードも，それぞれ人が触れて使用されるものであり，布と同様に，材料の触感・風合いに定量的指標を導入することが可能

　＊　Mari Inoue　神戸大学　大学院人間発達環境学研究科　教授

である。本章では，布の触感の客観評価について概説した後，自動車シート材料として皮革を取り上げ，皮革の力学的特性（引張り・せん断・曲げ・面内圧縮変形に対する各特性），表面特性，熱移動特性を用いた客観的な方法によって触感の良さを解析した研究例を紹介する。

2　布の触感

2.1　人の皮膚特性と布の特性

　人間の皮膚を引っ張って，また戻していくと図1[3]のように下に凸の非線形な伸長特性を示す。これは小さな力で大きく伸びることを示している。図1に見られるように，シートやゴムはほぼ線形な特性を示すのに対し，繊維材料である糸，織物，編物は皮膚と同じ，下に凸の非線形という特徴をもった伸長特性を有している。さらに織物は，糸軸方向には適度な力で，糸軸以外の方向には小さな力で変形を起こしやすいという性質を持っている。これらの性質により，布は肌触りが良く，人体に沿って美しく身体を覆い，皮膚の変形に追随することができる。また編物は織物よりも小さな力で変形することができる。

2.2　触感の主観評価

　繊維製品を選ぶ時，色柄あるいは形やデザインと同時に，手で布に触れたときの感覚が重要な選択要因となる。また外観や形態から着心地を判断することもある。このように布の手触りや目で見た様子などから判断されるもの，すなわち触覚と視覚または聴覚などによって評価される，やわらかさ，なめらかさ，ふっくらした感じ，またはこれらの感覚を総合したものを風合いと呼んでいる。

　布の風合いは長年，人の感覚，特に熟練者の感覚によって評価されてきた。いわゆる主観評価

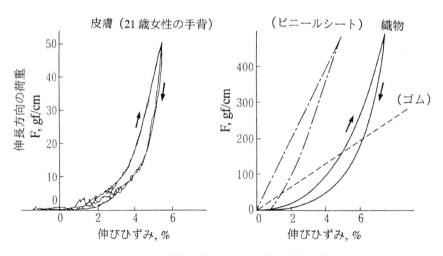

図1　皮膚の引張り特性と生活材料の引張り特性

である。布の性格を表す風合いを基本風合い（*HV*）とよぶ。たとえばこし（*KOSHI*），ぬめり（*NUMERI*），ふくらみ（*FUKURAMI*），はり（*HARI*），しゃり（*SHARI*）のようなものがある。用途ごとにその重要なものを選び，内容の定義と標準感覚強度の度合いを示す標準試料[3]が測定されている。これらそれぞれの風合いは，感覚の強弱を風合い値 1 ～ 10 の数値によって表現する。素材の品質評価については，布の用途別に品質を総合的な風合い値（*THV*）で表し，1 ～ 5 で判断する方法が提案されている[2]。

2.3　布の触感の客観的評価に用いられる物理特性

1970 年代に，川端・丹羽[2, 4]の研究により布の物理特性である引張り特性，曲げ特性，せん断特性，圧縮特性，表面特性を測定して得られるパラメータと構造特性としての重さと厚さによって熟練者と同様の評価すなわち客観評価が可能となった。

客観評価に用いられる力学的性質と表面特性は基本的なものが取り上げられている。布特有の顕著な非線形挙動を示すことから，各特性を 1 つの値で現すことができないため，それぞれ 2 ～ 3 個のパラメータで表し，全部で 16 個のパラメータを扱っている。ただし，これらのパラメータや測定条件は，対象となる材料や用途によって最も適したものに変える必要がある。

2.4　客観評価式

主観的評価を客観的評価におきかえたシステムでは，手触りに代えて基本的な力学的性質を計測し，変換式によって基本風合い値 *HV* に変換し，さらに総合風合い値 *THV* に変換する。

力学量を風合い値へ変換する変換式は，衣服の用途別に多数の布が収集され，熟練者による主観的風合い判断がなされ，一方でこれらの布の基本物理量の計測がなされて，統計処理によって変換式 I および変換式 II が導かれた。

本節では，変換式 I として，様々な材料の手触りによる総合風合い値評価に適用され，その妥当性が認められている力学量 ─ 基本風合い値変換式 KN-101-W 式[2]を示す。この式に測定した力学特性，表面特性，厚さ，重量を代入して基本風合い値 *KOSHI, NUMERI, FUKURAMI* を求めた。

$$HV_i = C_{0i} + \sum_{j=1}^{16} C_{ij} \frac{X_j - \overline{X_j}}{\sigma_j} \tag{1}$$

ここで，HV_i は 基本風合い値（Hand Value）$i = 1, 2, 3$（それぞれ *KOSHI, NUKERI, FUKURAMI*），C_{0i}, C_{ij} は 定数（$i = 1, 2, 3$）（$j = 1 ～ 16$），KN101-W 式，X_j は j 番目の特性値（$j = 1 ～ 16$），$\overline{X_j}$ は X_j の平均値（$j = 1 ～ 16$），σ_j は X_j の標準偏差（$j = 1 ～ 16$）である。本来は，紳士秋冬用スーツ地の平均値と標準偏差を用いるが，自動車シート材料をこの式に当てはめる場合は，そのデータの平均値と標準偏差を代入する。ここでは，自動車シート材料として用いられる 42 種類の皮革のデータを代入した。

続いて，変換式 II として，(1)式より求めた基本風合い値① *KOSHI*，② *NUMERI*，③ *FUKURAMI* を用い，段階的ブロック間残差方式回帰方式である KN-301-W 式[2] により各試料の総合評価値を求める。

$$THV = C_0 + \sum_{i=1}^{3} Z_i \tag{2}$$

$$Z_i = C_{1i} \cdot \frac{HV_i - M_{1i}}{\sigma_{1i}} C_{2i} \cdot \frac{HV_i^2 - M_{2i}}{\sigma_{2i}} \tag{3}$$

ここで，*THV* 総合風合い値（Total Hand Value），HV_i は 基本風合い値，C_0，C_{1i}，C_{2i} は定数，M_{1i} は HV_i の平均値，σ_{1i} は HV_i の標準偏差，M_{2i} は HV_i の 2 乗の平均値，σ_{2i} は HV_i の 2 乗の標準偏差である。

3 自動車シート用材料の触感[5]

3.1 試料と主観評価

試料は，自動車シート用材料として使用されている天然皮革 8 点，人工皮革 34 点，計 42 点を用いた。

3.2 主観評価

自動車シート用材料としての触感の良否について手触りにより 5 段階尺度で評価した。各試料に対して，1～5（非常に悪い～非常に良い）の数字をつけて主観評価値とした。評価は，自動車利用者 14 名を被験者として行い，平均値をそれぞれの試料の評価値とした。

3.3 物理特性の測定

自動車シート用材料の触感に関係すると考えられる特性値として，引張り特性，せん断特性，曲げ特性，面内圧縮特性，表面特性，構造特性（厚さ，重さ）を取り上げる。表 1 に各特性のパラメータと測定条件を示す。これらの測定は 20 ± 2 ℃，65 ± 2 %RH の恒温恒湿室で行った。

3.4 主観評価結果

評価者間の相関は 0.82 と高かった。皮革のみの評価とシートを想定してウレタンをつけた複合体の評価を比較してみたところ，個人評価値と平均評価値との相関は皮革のみの方が高くなる。複合体の場合，皮革の「柔らかさ」，「固さ」の区別がつけにくくなったためと考えられる。

3.5 物理特性と主観評価の関係

図 2 は，主観評価で触感がよい評価された試料（$THV \geq 3.5$, ●）とあまりよくないと評価さ

表1　客観評価に用いる物理特性

特性項目	特性記号	特性値の内容	単位	測定条件
引張り	LT	引張り特性の直線性	−	最大荷重　$Fm = 500 \text{ g/cm}^2$
	WT	引張り仕事量	$\text{gf.cm}^2/\text{cm}$	初期長；5 cm
	RT	引張りレジリエンス	%	引張りひずみ速度；0.4 %/sec
曲げ	B	曲げ剛性	$\text{gf.cm}^2/\text{cm}$	純曲げ変形　最大曲率；$\pm 2.5 \text{ cm}^{-1}$
	$2HB$	曲げヒステリシス	gf.cm/cm	変形速度；$0.5 \text{ cm}^{-1}/\text{sec}$
せん断	Gs	せん断剛性（初期）	gf/cm.deg	最大せん断角度；0.4°
	$G1$	せん断剛性	gf/cm	強制荷重；10 gf/cm
	$2HGs$	せん断ヒステリシス（$\phi = 0°$）	gf/cm	せん断ひずみ速度；0.00834/sec
圧縮	LC	圧縮特性の直線性	−	加圧面積；2 cm^2 円形平面
	WC	圧縮仕事量	gf.cm/cm^2	最大荷重；200 gf/cm^2
	RC	圧縮レジリエンス	%	圧縮速度；0.02 mm/sec
表面	MIU	平均摩擦係数	−	ピアノ線接触子；10 mm × 10 mm
	MMD	摩擦係数の変動	−	荷重；50 g
	SMD	表面の凹凸の変動	μm	ピアノ線接触子；5 mm, 荷重；10 g
厚さ	T	厚さ	mm	圧力 0.5 gf/cm^2 のもとでの厚さ
重さ	W	単位面積あたりの重量	mg/cm^2	

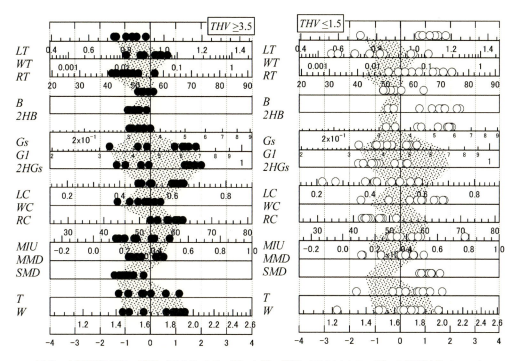

図2　主観評価の高い試料（$THV \geq 3.5$, ●）と低い試料（$THV \leq 1.5$, ○）の物理特性チャート
網掛け部分は評価の高い試料の範囲を示す。

れた試料（$THV \leq 1.5$, ○）の物理特性をそれぞれチャートに示している。このチャートはこの研究に用いた自動車シート用材料として用いられる皮革（N = 42）の物理特性のパラメータについて，それぞれその平均値と標準偏差で規格化したもので，中心線が各特性パラメータの平均値を示しており，それぞれのデータが平均値と比較してどこに分布しているかを一度に見ることができる。網掛け部分は評価の高い試料の範囲を示しており，右の図から，引張り特性のLT，RT，曲げ特性の$2HB$，せん断特性のGs，表面特性のSMDがこの範囲からはずれているものは触感の評価が低いことが予測される。

3.6 既存式（秋冬用紳士スーツ地）の客観評価式への応用

(1)式に用いた定数と各特性地のパラメータの平均値と標準偏差を表2に，(2)，(3)式に用いた定数と基本風合い値の平均値と標準偏差を表3に示す。

表2 紳士服秋冬用スーツ地の基本力学量の平均値と標準偏差および
基本力学量から基本風合い値への変換係数

	j	X_i	自動車シート用材料 (N = 42) X_i	σ_i	KOSHI $i=1$ C_{j1}	NUMERI $i=2$ C_{j2}	FUKURAMI $i=3$ C_{j3}
Tensile	1	LT	0.9194	0.0736	-0.0317	-0.0686	-0.1558
	2	$\log WT$	1.1369	0.1332	-0.1345	0.0735	0.2241
	3	RT	50.621	6.0917	0.0676	-0.1619	-0.0897
Bending	4	$\log B$	-0.7688	0.2000	0.8459	-0.1658	-0.0337
	5	$\log 2HB$	-0.7449	0.1793	-0.2104	0.1083	0.0848
Shear	6	$\log G$	1.5981	0.1577	0.4268	-0.0263	0.0960
	7	$\log 2HG$	1.2417	0.0912	-0.0793	0.0667	-0.0538
	8	$\log 2HG5$	1.3600	0.1167	0.0625	-0.3702	-0.0657
Compression	9	LC	0.1783	0.0337	0.0073	-0.1703	-0.2042
	10	$\log WC$	-0.7268	0.1087	-0.0646	0.5278	0.8845
	11	RC	49.690	8.7348	-0.0041	0.0972	0.1879
Surface	12	MIU	0.1583	0.0378	-0.0254	-0.1539	0.0569
	13	$\log MMD$	-2.0718	0.0677	0.0307	-0.9270	-0.5964
	14	$\log SMD$	0.4496	0.1387	0.0009	-0.3031	-0.1702
Construction	15	$\log T$	0.5258	0.0555	-0.1714	-0.1358	0.0837
	16	$\log W$	1.9185	0.0612	0.2232	-0.0122	-0.1810
					$C_{01} = 5.7093$	$C_{02} = 4.7553$	$C_{03} = 4.9799$

表 3　基本風合い値から布の品質評価としての総合風合い値への変換係数および
基本風合い値を規格化するための平均値と標準偏差

HVi	C_{1j}	C_{2j}	M_{1i}	M_{2i}	σ_{1i}	σ_{2i}
KOSHI	0.6750	-0.5341	5.7093	33.4602	0.9408	14.1889
NUMERI	-0.1887	0.8041	4.7533	25.2213	1.6406	15.2454
FUKURAMI	0.9312	-0.7703	4.9799	27.8073	1.7553	16.5818
	$C_0 = 3.1466$					

3.7　シート用材料の客観評価式の誘導

　物理量から触感の良さを直接予測する方法として，段階的ブロック間残差方式[2]を採用し，シート用材料の客観評価式を求める方法を紹介する。物理量は①引張り，②曲げ，③せん断，④圧縮，⑤表面，⑥厚さ，重量の 6 ブロックからなる。この新しい式は自動車シート用材料の主観評価に基づいて誘導される。ただし，触感の良否として物理量の 2 次の項を導入している。

$$THV = C_{00} + \sum_{j=1}^{16} Y_j \tag{4}$$

$$Y_j = C_{1j} \cdot \frac{X_j - m_{1j}}{S_{1j}} C_{2j} \cdot \frac{X_j^2 - m_{2j}}{S_{2j}} \tag{5}$$

ここで，THV は 総合風合い値（Total Hand Value），C_{00}, C_{1j}, C_{2j} は 定数，X_j は j 番目の物理量，m_{1j} は X_j の平均値，S_{1j} は X_j の標準偏差，m_{2j} は X_j の 2 乗の平均値，S_{2j} は X_j の 2 乗の標準偏差を示す。

　(4)，(5)式に用いた皮革試料（N = 42）のパラメータの平均値と標準偏差，および求めた係数を表 4 に示す。

3.8　評価式を用いた客観評価と主観評価との関係

3.8.1　秋冬用紳士スーツ地の既存式による客観評価

　(1)式によって測定した特性パラメータから得られた触感評価の高い試料と低い試料の基本風合い値を図 3 に示している。評価の高い試料は●で，低い試料は○で示している。ここで，網掛けで示した範囲は紳士秋冬用スーツ地の高品質ゾーンを示しており，この範囲に入る試料はスーツ地として評価の高いことを示している。この図に示されているように，自動車シート用材料としての皮革について触感のよいもの，よくないものが(1)，(2)式を用いることによって，明確に判断されていることがわかる。ティッシュペーパーや靴，皮革の風合いや品質についても，この式によって触感の良否を判別することができ，これらの事実は，人の手が触れて良否を判断するところには共通のものが存在することを示唆している。

表4 (4), (5)式の定数と誘導に用いられた各パラメータの平均値と標準偏差

Step	X_j	C_{1j} $C_{00} = 2.9551$	C_{2j}	R (RMS)	m_{1j}	m_{2j} (N = 42)	S_{1j}	S_{2j}
1st Surface	MIU	− 0.3993	0.7242	0.902 (0.413)	0.3614	0.1555	0.1596	0.1534
	logMMD	0.7439	1.6661		− 1.8039	3.2836	0.1743	0.6216
	logSMD	0.1417	− 0.0668		0.3786	0.1633	0.1432	0.1063
2nd Tensile	LT	− 0.1921	0.2231	0.934 (0.350)	0.9276	0.8780	0.1341	0.2519
	logWT	− 0.7161	0.6876		1.1635	1.4363	0.2908	0.6439
	RT	− 1.0365	0.7952		55.344	3142.8	9.0431	1041.57
3th Compression	LC	0.8599	− 0.8479	0.945 (0.324)	0.5158	0.2750	0.0957	0.0991
	logWC	− 0.0469	0.0483		0.0718	0.0812	0.2791	0.0658
	RC	− 0.5817	0.4999		53.030	2860.6	7.0377	780.63
4th Construction	logT	0.0483	− 0.0528	0.950 (0.309)	0.1190	0.0310	0.1315	0.0273
	logW	− 0.9845	0.9599		1.8243	3.3668	0.1990	0.7251
5th Shear	logGs	1.1879	− 0.9992	0.955 (0.289)	0.5305	0.2905	0.0962	0.1008
	logG1	− 1.1162	1.0070		0.6426	0.4251	0.1116	0.1458
	log2HGs	0.0490	− 0.0640		0.2567	0.0895	0.1556	0.0706
6th Bending	logB	− 0.2298	0.0563	0.958 (0.282)	0.5834	0.5936	0.5094	0.8204
	log2HB	0.1767	0.0167		0.5526	0.5660	0.5167	0.7854

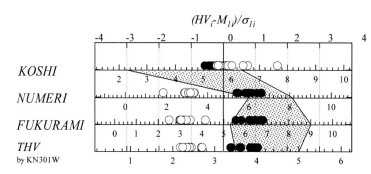

図3 主観評価の高い試料（THV ≧ 3.5, ●）と低い試料（THV ≦ 1.5, ○）の
基本風合い値と総合風合い値
網掛け範囲は紳士秋冬用スーツ地の高品質ゾーンを示す。

3.8.2 誘導された自動車シート用皮革の式による客観評価

　誘導された式の定数は表4に示している。今回の42枚の皮革試料において，触感の評価値に最も寄与の大きい特性は表面特性，続いて引張り特性，圧縮特性ということが示された。表面特性のみで回帰値と主観評価値との相関係数は0.90と高く，回帰誤差は0.41と低かった。各特性の寄与図を図4に示す。表面特性の場合，MIUは触感に対して適切な範囲を持ち，MMDは小さいほど触感評価が高くなることがわかる。

　図5に主観評価値と既存式によって得られた予測計算結果との相関図(a)，および主観評価値と新規の誘導式によって得られた回帰計算結果との相関図(b)を示す。(c)は全てのパラメータを使用

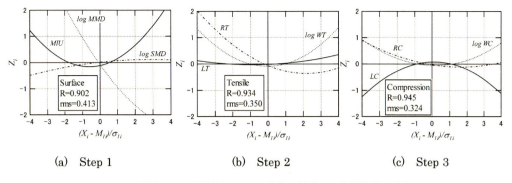

(a) Step 1 (b) Step 2 (c) Step 3

図4 自動車シート用材料としての皮革の触感への各特性値の寄与

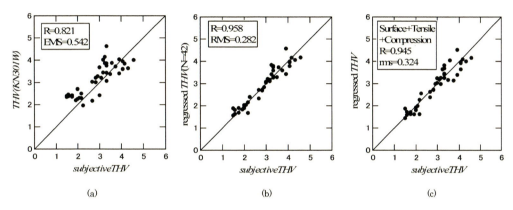

(a) (b) (c)

図5 (a) 主観評価と紳士服秋冬用スーツ地の客観評価式による計算結果との相関
(b) 主観評価と自動車シート材料の特性から作成した客観評価式による回帰結果との相関
(c) 主観評価と自動車シート材料の表面，引張り，圧縮特性のみから作成した客観評価式による回帰結果との相関

せず，表面特性，引張り特性，圧縮特性のみで回帰計算を行った値との相関図である。既存の紳士秋冬用スーツ地の式によって十分触感のよさを評価することが可能であるが，より高い精度で客観評価を行う必要がある場合は新しく誘導された式を用いることが妥当であると考えられる。

4 おわりに

本章では，自動車シート材料の触感に関わる力学特性，表面特性を計測，分析し，自動車シート材料の触感の良さについての官能評価を行うことにより，客観的に触感を評価する方法について具体例を用いて概説した。

触感を含む感性は，近年特に，人間を考え，人間を大切にするものづくりとして付加価値をもって扱われている。高度な技術が進むほど，人間性が阻害されるということなく，ハイテクと

ハイタッチ両者のバランスの必要性が認識されていく傾向[3]はますます高まっていくのではないかと考えられる。

　最初に述べたように，自動車の価値観が大きく変化している中，乗り心地，座り心地から自動車の空間における居心地に対応する感性が求められる時代に入っている。本章ではシート材料の触感の客観評価の例を示したが，これからは自動車の感性設計は，材料設計を含めた総合的な空間設計を考慮する必要がある。

文　　献

1)　中村吉明，"AI が変える車の未来　自動車産業への警鐘と期待"，p.222，NTT 出版（2017）
2)　川端季雄，"風合い評価の標準化と解析　第 2 版"，風合い計量と規格化研究委員会，p.87，日本繊維機械学会，（1980）
3)　丹羽雅子編，"アパレル科学 ― 美しく快適な被服を科学する"，119 頁，朝倉書店，（1997）
4)　S. Kawabata, "H.E.S.C. Standard of Hand Evaluation", Hand Evaluation and Standardization Committee, the Textile Machinery Society of Japan (1975)
5)　技術情報協会，"自動車樹脂材料の高機能化技術集"，pp.561〜569，技術情報協会（2008）

第16章 木材の見えの数値化と印象評価との関係

仲村匡司*

1 はじめに

　木材は様々な木造建築物の構造用材料として用いられることはもちろん，床や壁などの内装材として，あるいは，家具や生活雑貨などの什器材として，我々が日常的に見て触れるものや部位に頻用され，単に機能だけでなく，生活に彩りを付与する。特に日本人にとって，木材は 古 より身近で用いられてきた馴染み深く親しい材料である。

　そのような木材の外観的特徴は，「あたたかな木材色」「千変万化の木目模様」「まろやかな光沢」に大別できる[1]。これらは様々な建材や家具などの木製品の表面意匠として製品価値に直結する。中でも居住者が日常的に目にする床材には高い「木質感」が求められ，製品開発においては木質感の向上を狙った技術的工夫が種々盛り込まれる。ただし，木質感という概念は共有されていてもその定義は曖昧であり，良し悪しは開発者の経験則や主観に基づいて定性的に論じられることが多い。その結果，開発者の作り込みが消費者の訴求する木質感とずれてしまう事態も生じる。

　木材が人の感覚に及ぼす効果，いわば木材の「感性刺激性能」を強度や剛性などの材料物性と同列に扱い，ものづくりに活かしていくべきであるが，そのためには木材の外観的特徴を定量的に捉え，人の感覚や感性反応に紐付ける必要がある。例えば，測色計や光沢度計を用いて JIS 規格に準拠した測定を行えば，材色や光沢を客観的に測ることができる。ただし，これらはいずれも小さな測定孔を介したスポット測定である。一方，人が材面の意匠を評価するとき，どこか1点を見つめるというよりは，むしろ材面全体を見渡して，平均的な色調，色むらや照りなどを手がかりにしているはずである。

2 画像解析による材面の特徴抽出

　そこで筆者らは，材面の外観的特徴を効果的に抽出する画像解析法として多重解像度コントラスト解析（Multi-resolution contrast analysis；MRCA）を提案した[2,3]。図1にこの手法の概要を示す。 MRCA は，ディジタルカメラやフラットベッドスキャナなどのイメージング装置で取得された材面の画像（材鑑画像）に1辺 k の平均フィルタ処理を施して，画像をモザイク化することから始まる。このモザイク画像中に3×3の9つのマス目で構成される局所領域を設定し，中

＊ Masashi Nakamura　京都大学　大学院農学研究科　森林科学専攻　准教授

央の標的 T とその周囲の 8 つの近傍 $N_1 \sim N_8$ との差（局所コントラスト）を求める。局所領域を材鑑画像全体に隈無く移動させながらコントラストを求めていき，フィルタサイズ k における平均コントラストを得る。フィルタの大きさ k と平均コントラストの関係を表すコントラストスペクトルから，どのくらいの大きさの特徴がどの程度明瞭なのか（目立つのか）を把握できる。図 1 には木材の種類（樹種）の異なる 3 種類の床材のコントラストスペクトルが例示されている

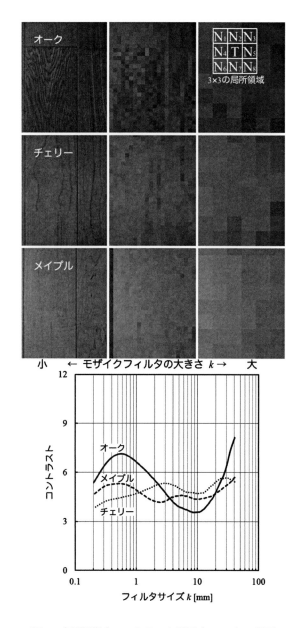

図 1　多重解像度コントラスト解析（MRCA）の概要

が，樹種によって表面に現れる木目模様の特徴や照りに差異があるため，同じ塗装方法で表面が仕上げられているにも関わらずスペクトルの形状が異なる。

材面に現れている明暗や濃淡の程度（コントラスト）を様々な大きさ（多重解像度）で検出するMRCAは，カラー，モノクロを問わず，色々な画像データに適用可能で，透明塗装による材色変化[4]やまさ目模様の意匠性[5,6]，塗装による木目模様のコントラストの変化[7]，ヴァイオリン裏板に現れる波状杢の光反射特性[8]などの解析に用いられてきた。以下では，この画像解析法を種々の木質床材に適用した事例[9]を紹介する。

3　木質床材の外観特性の抽出と表現

3.1　木質床材の収集

市場に出回っている47種類の木質床材（幅300 mm，長さ1800 mm，厚さ12 mm）を試料として収集した。表1に示したのはそのうちの27種類（表中の画像はほぼA3判大）であるが，残りの20種類もこのマトリクスのいずれかに含まれる。この表において，「単層フローリング」とは無垢板のフロア材である。一方，「複合フローリング」とは，合板や木質ボードなどの基材の上に，薄くスライスされた天然木（厚さ0.2〜2 mm，「突き板」という）や，木目柄が印刷された樹脂シートを貼って化粧を施したフロア材である。表面材の樹種は，ビーチ（ブナ），メイプル（カエデ），オーク（ナラ），バーチ（カバ），チェリー，ウォルナットの6種類で，木目シートの場合は元になった木目柄で樹種名を表している。

表面保護や美観維持の目的で，ほとんどの木質床材には塗装が施されるが，この塗装処理で材面の見え方が大きく変わる。表1において，「含浸型塗装」は塗料が木材に染み込む塗装仕上げ，「造膜型塗装」は材面に樹脂の塗膜が形成される塗装仕上げのことである。木目シートの表面には薄い保護層が一体化されているが，ここに微細な溝がエンボス加工される場合もある。

表1　画像解析に供試した木質床材試料

材色＼仕様	表面仕上げ						樹種
	単層フローリング（無垢板）			複合フローリング			
	無塗装	含浸型塗装	造膜型塗装	突き板貼り，造膜型塗装		木目シート貼り	
ライト							ビーチ メイプル オーク バーチ
ミディアムライト	×						オーク バーチ
ミディアムダーク							バーチ チェリー
ダーク							バーチ ウォルナット

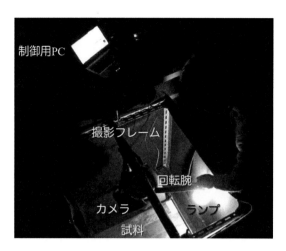

図2 変角照明撮影による材鑑画像の取得

3.2 材鑑画像の取得

　木材表面での光反射は，材面，観察者，光源の三者の位置関係によって複雑に変化し，同じ材面であっても，照明の方位角や入射角が変わるだけで見え方が大きく変わる。その様子を画像として捉えるために，一眼レフカメラを試料面の直上に設置し，この光軸を中心に回転する照明（電球型蛍光管）が入射角33°で試料面を照らす撮影フレームを作製した。これは，カメラと試料を固定し，照明の方位角にのみ自由度を与えた変角照明撮影系である。このフレームを用いて，試料の長手方向（木目の方向）に平行および直角に照明する場合をそれぞれ0および90°として，照明方位角を0°～180°の範囲で30°刻み（7段階）に変えて材面を撮影した。撮影範囲は420 mm × 280 mm（解像度0.1 mm/pixel）であったが，試料を長手方向に等間隔にずらして異なる4部位を撮影し，同一試料でも部位による差異を捉えられるようにした（1試料あたり7照明方位角×4部位＝28画像を取得）。撮影風景を図2に，材鑑画像の例を図3に示す。図3左側は表面に天然木の突き板が貼られた複合フローリングで，照明方位が30°変わるだけで材面の照る部分が変わっている（部位③で特に顕著）。一方，図3右側の木目シートが貼られた複合フローリングにはそのような変化は無い。木材は樹木すなわち植物由来の材料であり，細胞の名残である極細の中空パイプ（細胞壁）を束ねた構造を有する多孔体である。そのため，平滑に仕上げられた材面であっても無数の雨樋が並んだような凹凸が現れる。天然木と木目シートの見え方の相違には，この立体的な組織構造の有無が関わっている。

3.3 画像解析

　取得した材鑑画像の各画素は，赤，緑，青の3原色がそれぞれ256階調（8ビット）を有している。この RGB 値に対して sRGB 表色系から XYZ 表色系への変換操作を行い，さらに $L^*a^*b^*$ 表色系への変換を行った[10]。ここから明度（L^*値）のみを用いて多重解像度コントラス

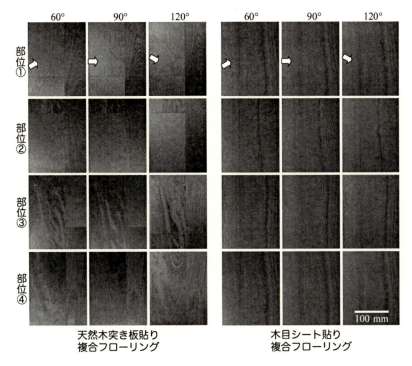

図3　変角照明撮影によって得られる材鑑画像の例

ト解析（MRCA）に供試し，各材鑑画像のコントラストスペクトルを求めた。さらに，照明方位角 0° と 90°，90° と 180° の画像がどのくらい似通っているかの指標として，画像間の相関係数も求めた。図4に，含浸型塗装が施されたウォルナットの単層フローリングのコントラストスペクトルと照明方位角 0°，90°，180° での画像を示す。

3. 4　画像特徴量の設定

　図4に示すようなコントラストスペクトルには，供試された床材の光反射特性が反映されており，スペクトルのピークが材面のどのような特徴に帰属できるのか（木材の組織構造との関連性の検討），塗装法によってピークレベルがどのように変化するのか（材面の外観的特徴の強調または抑制効果の確認），照明方位によってピーク位置やピークレベルがどのように遷移するのか（照りの動きの評価），などを知ることができる。ただし，これらはスペクトルの形と材面の特徴を定性的に結びつけたに過ぎない。そこで，47 試料のコントラストスペクトルの相互比較に基づいて，以下の4種類の画像特徴量を導出した。

① 　細かい特徴の鮮明度 C_S：フィルタサイズ 0.2 〜 0.5 mm におけるコントラストの平均値を，木材の組織構造に由来する微細な特徴（テクスチャ）の鮮明さの指標 C_S とした。

② 　木目模様の鮮明度 C_M：多くの人が思い浮かべる「木目」とは，幅数 mm の暗い線で描か

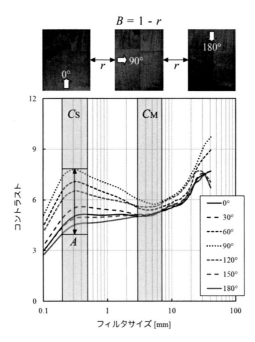

図4 コントラストスペクトルの例および4種類の画像特徴量の設定

れた「線画」であろう。この材面の暗い線は，樹木が夏の終わりから秋口にかけてじわりと肥大成長して出来た暗い部分や，春先に形成された通導組織の凹みなどが材面に現れたものである。この木目模様の鮮明さを，フィルタサイズ3〜7 mm におけるコントラストの平均値 C_M で表すこととした。

③ コントラストの異方性 A：図4のコントラストスペクトルにおいて，C_S の定義域であるフィルタサイズ 0.2〜0.5 mm のコントラストは照明方位によって大きく異なる。この局所的で異方的な照りの相違が材面の見えに影響を及ぼしうると考え，フィルタサイズ 0.2〜0.5 mm における7つのスペクトルの最大値と最小値の差 A をコントラストの異方性の指標とした。

④ 照りの移動 B：材面全体の見えが変わる様子を捉えるためには，照明方位の異なる材鑑画像どうしの直接比較が必要である。そこで，照明方位角 0° と 90°，90° と 180° の材鑑画像間の相関係数 r を1から引いて，照りの移動の指標 B とした。B が1に近い（r が0に近い）ほど，照明方位が90°変化したことで材面の見え方が様変わりしたことを意味する。

C_S および C_M については，7つの値の最大値で各解析領域を代表させ，4つの代表値の平均値で当該試料を代表させた。A は4つの解析領域それぞれについて求められるので，その平均値を当該試料の代表値とした。また，B は1試料あたり8つの相関係数 r が求められるので，その平均値で当該試料を代表させた。図5はオーク系5試料の A, B, C_M, C_S の値を4頂点レーダーチャートで表したもので，無塗装の単層フローリングの指標値を1とした相対値で表されてい

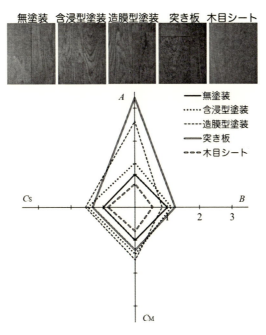

図5　オーク系5試料の画像特徴量の比較

る。木目シート試料のチャートは無塗装のチャートの内側に入っており，無垢・無塗装のオーク材が本来有している外観的特徴が抑制されていることがわかる。一方，塗装された単層フローリングおよび突き板貼りの試料は，無塗装と同等かそれ以上にオーク材の特徴が引き出されている（特にコントラストの異方性 A で顕著）。

4　材面の印象評価

　抽出した4種類の画像特徴量と，木質床材を目にした一般消費者の抱く主観的な印象との対応を検証するために，上とは異なる20種類の木質床材（300 mm × 1800 mm）を別途収集し（表2），A, B, C_M, C_S の値をそれぞれ求め，さらに材面の印象評価に供した。評価者は建材などの開発に従事していない30 ～ 50歳代の一般消費者24名（女性16名，男性8名）であった。評価者には，木材に現れる照りの特徴について教示を与えて，立位，中腰など思い思いの姿勢で距離や方向を変えながら自由に材面を観察，評価させた。ただし，試料に触れることは禁じた。検査室は一般的な会議室で，灰色のカーペットの敷かれた床に試料を並べて天井の蛍光灯で照明した。

　評価には，材面の見た目の印象に関する9つの形容詞対からなる7段階評価の両極尺度と，本物感に関する4段階評価の単極尺度を用いた。これらの評価語は過去に種々の木質材料の印象評価に用いられたものや，建材メーカーにおいて木質床材を企画，販売する際にしばしば用いられ

表2　材面の印象評価に供試した木質床材試料

仕様／材色	表面仕上げ				樹種
	単層フローリング	複合フローリング			
	含浸型塗装	突き板貼り，造膜型塗装		木目シート貼り	
ライト					ビーチ メイプル オーク
ミディアム ライト					オーク ビーチ
ミディアム ダーク					オーク バーチ チェリー
ダーク					オーク バーチ ウォルナット

る語を参考に選定し，一般消費者が理解しやすい表現を優先的に用いた。

　得られた印象評価値を目的変数に，そして，4つの画像特徴量を説明変数に設定した重回帰分析を行い，どの印象にどの外観的特徴が効くのかを確認した。ただし，C_M と C_S が正の相関関係を有していたので，双方を重回帰モデルに組み込むことを見合わせ，細かい特徴の鮮明度 C_S を外す代わりに別途測定した材面の鏡面光沢度 G（60°入射，60°受光，繊維直交方向測定）を説明変数に導入した。有意確率5%未満の変数を採用する変数増減法によって説明変数を絞り込んだ結果，重回帰モデルに残った画像特徴量の一覧を表3に示す。

　表3からわかるように，いずれの印象も複数の変数で説明されうるが，目立つのが鏡面光沢度 G の寄与である。ただし，いずれの印象においても G はどちらかといえばネガティブに作用しており，G が大きくなるほど「均一な」「のっぺりした」「画一的な」印象を与えやすくなり，「本物に見える」評価が低くなった。今回主観評価に供した床材の鏡面光沢度は大・中・小の3群に明確に別れており，評価者は材面の鏡面性の大小を容易に評価できたであろう。識別が容易な外観的特徴は種々の印象を評価する際の手がかりになりやすく，そのことが重回帰分析に反映されたものと考えられる。見方を変えれば，一般消費者の木質床材に対する印象には，塗装による光沢の強弱のようなわかりやすい特徴が大きく影響するといえる。

　そのような鏡面光沢度の影響があるもとで木目模様の鮮明度 C_M が大きくなると，「変化に富んだ」「生き生きした」「個性的な」「立体的な」印象が強くなった。コントラストの異方性 A は様々な方向から材面を見たときの細かな見えの変化に対応すると考えられ，A が大きいほど奥行き感や高級感が高まる傾向にあった。照りの移動 B も A と同様に評価者が自由に観察方向を変えたときの見えの変化に対応するが，こちらは材面の全体的な照り具合の変化を表しており，B

表3　床材の見た目の印象と画像特徴量の関係

目的変数 （見た目の印象）	説明変数（画像特徴量）				寄与率
	A	B	C_M	G	
変化に富んだ 均一な			◎	◎	0.868
生き生きした パッとしない			○	◎	0.791
温もりのある ひんやりした		◎		◎	0.807
奥行きのある のっぺりした	○			◎	0.719
個性的な 画一的な		○	◎	◎	0.877
立体的な 平面的な			◎	◎	0.807
自然な 人工的な		◎		◎	0.754
高級感のある 安っぽい	◎			◎	0.654
好き 嫌い		◎		◎	0.624
本物に見える		◎		◎	0.779

○：$p < 0.05$，　◎：$p < 0.01$

が大きいほど「温もり」「自然さ」「好ましさ」「本物らしさ」が増した。今回の解析では「個性的な ― 画一的な」印象のみ3変数モデルとなり，B が「個性的な」印象にネガティブに影響した。供試した床材の中で特に「個性的」と評価されたのは，含浸型塗装の単層フローリング（表2左列）と木目シート貼りの複合フローリング（表2右列）であった。このうち木目シート試料は照りの移動 B が小さいにも関わらず，木目の鮮明度 C_M が単層フローリングと同等かそれ以上であり，鏡面光沢度 G も中程度であった。このため，B が小さい方が見かけ上「個性的」になったものと考えられる。

得られた重回帰モデルは，「高級感のある ― 安っぽい」「好き ― 嫌い」を除く全ての印象語において0.7以上の高い寄与率を示し，また，説明変数となった画像特徴量が鏡面光沢度と協働して目的変数（印象）にどのように寄与するのか，無理なく解釈が可能であった。設定した画像特徴量は，一般消費者による主観的な見えの評価に十分対応しうると考えられる。

5　おわりに

変角照明撮影と MRCA のような画像解析法を組み合わせることによって，木質床材の意匠に関わる外観的特徴を画像特徴量として抽出し，一般消費者の床材に対する印象評価に紐付ける試みを紹介した。本事例では木質床材表面の光反射特性の画像解析を行ったが，材色が木製品の意

匠に及ぼす影響も無視できない。材色の影響を調べる場合，測色計によるスポット測定ではなく，材色の2次元的な分布特性を面的な測色によって把握するべきであり，既に筆者らはいくつかの基礎的知見を得ている[4,11,12]。これらも木製品の意匠の評価技術に結びつけていく必要がある。また，本事例で印象評価に供した床材試料の鏡面光沢度は3段階に過ぎず，評価に光沢度が過大に影響した可能性がある。この点の検証も今後の課題といえる。

文　　献

1)　仲村匡司，木材学会誌，木材学会誌，**58**（1），1（2012）
2)　M. Nakamura *et al.*, *J. Wood Sci.*, **45**, 10（1999）
3)　M. Nakamura *et al.*, *Holzforschung*, **64**, 251（2010）
4)　田代智子ほか，材料，**62**（4），248（2013）
5)　M. Nakamura *et al.*, *J. Wood Sci.*, **58**, 505（2012）
6)　M. Nakamura *et al.*, *J. Wood Sci.*, **61**, 19（2015）
7)　米山菜乃花ほか，木材学会誌，**62**（6），293（2016）
8)　加藤茉里子ほか，木材学会誌，**62**（6），284（2016）
9)　仲村匡司ほか，木材学会誌，**62**（4），108（2016）
10)　小寺宏暲，新編色彩科学ハンドブック第2版（日本色彩学会編），p.1141，東京大学出版会（1998）
11)　上田茉由ほか，木材学会誌，**59**（6），339（2013）
12)　仲村匡司ほか，木材学会誌，**59**（6），346（2013）

第17章　住環境の快適条件 ― 温熱環境と音環境 ―

木村裕和[*]

1　住環境の快適条件

「快適」の意味を一般的な国語辞典で調べてみる。岩波国語辞典では「ぐあいがよくて非常に気持ちのよいこと」と説明されており，「快適な温度」が例示されている。明鏡国語辞典には「気持ちよく過ごしやすいさま」と記述されており，「温度が低く快適だ」と「快適な暮らし」という二つの文例が挙げられている。さらに広辞苑によれば，快適とは「ぐあいがよくて気持ちのよいこと」の意とされており，例として「快適な生活」が引用されている。三者ともに快適のキーワードとして「気持ち良い」が挙げられている。

一方，古くから人間生活の三大要素として衣・食・住が挙げられている。衣・食・住は人間生活の根源であり，衣生活，食生活，住生活を充足，充実させることは人間が人として生きてゆく上で極めて重要な営みである。中でも私たちが日常生活を過ごす上で最も多くの時間を費やし，生活の基盤を築いている場所が住空間である。

ここで環境という単語を考えてみる。環境とは人間または生物個体を取り巻き，相互作用を及ぼし合うすべての外界を意味する用語である。したがって，住空間の環境，すなわち住環境が良好であれば，そこには良好な相互作用が及ぼされ合うことになり，健康で文化的な生活が送れるものと考えられる。逆に，住環境が劣悪であれば長時間にわたり悪影響を受け続けることになり，劣悪で不健康な状況に曝されながら日々の生活を送ることになる。大袈裟にいえば，住環境の快適性の良否が人生の質を決定するのではないかと考えている。

実際，歴史的にみても人類は太古の時代からぐあいが良くて気持ちよいものやぐあいがよくて気持ちの良い状態になれるものを次々に考案し，それを具現化してきた。そして，その努力は現代まで連綿と受け継がれている。もちろん，住環境はその行為の代表格であり，住環境の向上を目的に多くの優れた建築構造物や建築内装材，住宅設備，家電製品などが開発されてきた。

図1には今から1万年以上前の完新世初期の縄文時代における竪穴住居の復元図を示した[1,2]。地面を円形や角の丸い長方形状に50cm程度掘り下げ，その上に木で骨を組み，建てられた住居には草で葺いた屋根が設けられている。住居内部の中央付近には炉があり，炉の近くには木の実を蓄える貯蔵用の穴があったと推定されている。これで降雨，風雪はある程度凌げたとしても，この住居には窓も戸もなく，寒暖から身を守るための装備もなかったものと想像される。外敵の侵入や攻撃からの防御も十分ではなかったであろう。一方，図2には今世紀初頭のリビング

＊　Hirokazu Kimura　信州大学　学術研究院　繊維学系　教授

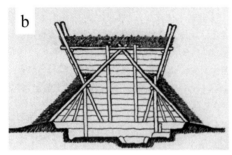

図1　竪穴住居
a：竪穴住居の復元例（登呂遺跡外観）
b：竪穴住居の断面想像図（登呂遺跡）
c：竪穴住居内部の復元例（膳棚遺跡などより復元）

図2　21世紀初頭の室内とインテリアの一例

ルームの例を示した[3]。現代の建築物は堅ろうで，耐震対策や防犯対策が施されているものも少なくない。安心して暮らせる生活環境が構築されている。室内は頑丈な窓，床，天井に囲まれ，夜間照明やエアコン，各種調度品なども完備しており，快適に日々の生活を過ごすために様々な物品が利用されている。縄文時代とは比較にならない快適な居住空間が実現している。つまり，降雨，強風，外敵などから身を守るための単なる「すみか」であった住居は，採光のための窓，通風のための通風口など自然の力を利用した建築構造物に変遷し，現在では夜間照明や冷暖房など自然に抗って快適な生活を送れる環境が整備されている。もちろん，これには建築環境学，建築設備工学，土木工学，電気，機械工学や生活環境学などの分野における多くの研究成果が貢献していることはいうまでもない。

　住生活を快適にする条件としては，温熱環境，光・照明環境，音環境，色彩環境，空気環境，水環境などの整備が重要になるものと考えられる。ここでは，住環境を整える諸条件の中から温熱環境と音環境を取り上げ，物理現象としての熱と音について説明するとともに熱や音に対する人の感覚について解説する。

2　住環境の温熱的快適性

　最初に居住空間における温熱的快適性について述べる。米国暖房冷凍空調学会（ASHRAE）では，温熱的快適性を「温熱環境に対して満足感を表現でき，主観によって評価される心の状態」と定義している。すなわち，人が感じている暖かさや涼しさが，そのときの状況に対して，生活者自身が満足であると感じているか否かが問われるわけである。これが是であれば温熱的に快適な状態ということになる。ここで留意がいるのは，住環境の温熱的快適性を評価するのは，そこで生活している人の感性であるということである。当然，外的刺激に対する感受性には個人差があるので，すべての人が満足感を持ち，快適だと感じる条件を決定することはかなり困難である。

　人間は発熱体であり，体温を常に36℃から37℃に保ち生きている恒温動物である。当然，人の生命維持には，エネルギーが必要であり，人間は摂取した食物中の栄養素である糖質，脂質，タンパク質を体内で酸化分解しながら生きている。食物を摂取し，合成，分解，排出するまでの過程が代謝である。人間は，生命の維持，身体活動，労作，運動などのために代謝を行っているのであるが，このうち生命維持に使われる最低限の基本的なエネルギー量が基礎代謝量である。基礎代謝量を空腹時に仰臥姿勢で安静にしているときの代謝量と説明している書籍もある[4]。若干の個人差はあるものの基礎代謝量は単位体表面積（$1\,m^2$）当たりおよそ40 Wであり，邦人の体表面積の平均を$1.6\,m^2$とすれば，その基礎代謝量は約64 Wとなる。一方，作業の強弱の指標としては，(1)式に示すように着席安静時のエネルギー代謝量を基準として，これとある作業時に必要なエネルギー代謝量との比が用いられる。これがエネルギー代謝率Metである。英語ではmetabolic rateであり，単位は［met］である。基準値となる着席安静時のエネルギー代謝量

(Ms) には $58.15\ \mathrm{W/m^2}$ が用いられる。

$$Met = M/Ms \tag{1}$$

  ただし，Met：エネルギー代謝率［met］

    M：ある作業時のエネルギー代謝量［$\mathrm{W/m^2}$］

    Ms：着席安静時のエネルギー代謝量［$\mathrm{W/m^2}$］

エネルギー代謝率は，睡眠時が 0.7 met，読書時で 1.0 met，掃除作業では 2.0 met から 3.4 met 程度，通常の事務作業時で 1.1 met から 1.4 met の範囲，歩行時には 2.0 met から 2.6 met 程度になる。

　なお，作業程度の評価として，⑵式に示すような代謝率（relative metabolic rate）が使用されることもある。

$$RMR = (M - Ms)/BMR \tag{2}$$

  ただし，RMR：代謝率

    M：ある作業時のエネルギー代謝量［$\mathrm{W/m^2}$］

    Ms：着席安静時のエネルギー代謝量［$\mathrm{W/m^2}$］

    BMR：基礎代謝量

　また，衣服は人間が能動的に温度を調節できる温熱環境用具と考えることができる。暑くなったら服を脱いだり，寒くなったら重ね着をしたり，ダウンジャケットを着るように衣服は温冷感の調整に欠かせない道具といえる。衣服を温熱の観点からのみで捉えると，衣服は人体の皮膚表面温度に直接的な影響を与える単なる熱抵抗体である。そこで，衣服の保温性の単位が考えられた。これがクロ（clo）である。1 clo は気温 21 ℃，相対湿度 50 %，気流 0.1 m/s の室内で，着席休息状態にある人が快適であると感じる平均皮膚表面温度（33 ℃）を維持できる衣服の保温性であり，0.155 $\mathrm{m^2 \cdot K/W}$ である。クロ（clo）は着衣量に応じて変わる。裸体においては着衣の熱抵抗はないので，当然，clo 値は 0 となる。なお，下着，T シャツ，短パン，薄手のソックスにサンダル履きのスタイルが 0.30 clo 程度，冬用の男性の 3 ピーススーツの着用時がほぼ 1.0 clo となる[5~7]。

　次に，居住空間，住環境の温熱的快適性を考えてみる。人の温冷感に影響する要因には，人体側の要素と環境側の要素がある。人体側の要素は，前述した代謝量（あるいはエネルギー代謝率）と着衣量である。環境側の要素は居住空間における気温（温度），湿度，放射，気流の 4 要素である。つまり，住環境の温熱的条件は，人体側の要素である代謝量 Met と着衣量 clo および環境側の要素である気温 θ，相対湿度 ϕ_R（または湿球温度 θ'），放射 R，気流 v，の 6 つの要素で成立することになる。したがって，快適な温熱感覚の得られる指標（I）として，⑶式が成立する[8]。

$$I = f\left(\theta,\ \phi_R,\ R,\ v,\ Met,\ clo\right) \tag{3}$$

(3)式において人体側の Met と clo を与えれば（固定すれば），この式が成り立つ室内環境側の 4 要素，すなわち，θ，ϕ_R，R，v の組み合わせで温熱的快適性の表現が可能となる。

　これまでに考案，提案されてきた温熱的快適性の指標は，(3)式に帰結することになるのであるが，実際には，この 4 つの条件のすべてを考慮すると立式，評価が非常に複雑になる。そこで，状況に応じていくつかの要素を省略することが考えられてきた。通常，4 要素の中では気温 θ が最も重要で支配的な要素である。そこで，ϕ_R，R，v を何らかの形で等価気温に換算し，I を温度の単位で表すことも行われている。

　温熱環境の快適指標としては，作用温度（OT：operative temperature），有効温度（ET：effective temperature），新有効温度（ET*：ET star，effective temperature star），不快指数（DI：discomfort index），予測平均温冷感（PMV：predicated mean vote）などが用いられている。

　これらの中では，わが国では不快指数（DI）がよく知られている。不快指数は熱的快適性を室温と湿球温度で評価するものである。つまり，快適な温熱環境を決定する 6 つの要素の中から温度と湿度だけを取り上げ，それ以外の要素を省略したものといえる。本来，不快指数は風速の小さい室内用として考案されたものであるが，今では屋外環境条件評価にも使われている。(4)式に不快指数の算出式を示した。DI は 70 で 10 ％の人が不快感を持ち，DI が 75 で 50 ％の人が不快感を持ち，DI が 80 に達すると全員が不快になるといわれている。非常に簡単な数式で住環境や屋外環境の快適性が評価できることがわかる。

$$DI = 0.72\left(\theta + \theta'\right) + 40.6 \tag{4}$$

ただし，θ：室温（乾球温度）[℃]

θ'：湿球温度 [℃]

　一方，PMV は総合的快適指数ともいわれており，熱的快適性に関するすべての要素を含む関数で与えられる指標である。PMV は被験者の体感申告をベースに導出，考案された快適指数である。ISO 規格（国際規格）にも採択されており，ISO 7730（Ergonomics of the thermal environment-Analytical determination and interpretation of thermal comfort using calculation of the PMV and PPD indices and local thermal comfort criteria）として規格化されている。実際の計算式はやや複雑であるが，例えば，夏季事務作業時を想定して clo と Met および ϕ_R を固定し，clo = 0.5 clo，Met = 1.2 met，ϕ_R = 60 ％の値を与えれば，その環境条件における最適温度が作用温度で 24.5 ℃，推奨温度範囲は 23 ℃から 26 ℃と求められる。1.0 clo，1.2 met，相対湿度 40 ％の冬季の事務作業時を想定した場合であれば，最適温度が作用温度で 22 ℃，推奨温度範囲としては 20 ℃から 24 ℃が算出されるというものである。

　なお，一般的には人が快適と感じる温度は，20 ℃から 26 ℃の範囲といわれている[7]。ところ

が，日本の地形は南北に長く，住宅気候区は少雪寒冷地域，深雪地域，温暖地域，多雨温暖地域の4種類が混在している。寒さ，暑さには地域差が激しい。例えば，東京都における外気温は冬季では0℃付近であるが夏季には35℃付近まで上昇する。年間35℃の温度変化を体験することになる。もちろん，先人たちの努力によって，様々な地域において気象条件に応じた快適な住環境や生活様式が構築されてきたが，近年は地球温暖化の影響からか夏季の真夏日，猛暑日の増加やそれにともなう熱中症の増加，都市建築物の高層化と密集化により生じるヒートアイランド現象などが話題になり，問題視されている。また，冬季における降雪状況もやや不安定である。夏季，冬季には建物内の温熱的快適環境を人為的に作ることが必要となる。そのための冷房や暖房の使用は不可欠であるが，それに加えて夏季では日射の遮蔽対策やクールビズの実施による clo 値の低下などが重要となる。また，冬季においては住宅の使用エネルギーの1/4が暖房に使用されている。冬季における住生活の快適性を経済面から向上させるためにも建物に高気密化や高断熱化を施すなど，省エネルギー対策を進めることが重要となる。さらには夏季とは逆にウォームビズの推進により clo 値を上げることにより温熱的快適性を高めるなど，より多様で積極的な対応が今後益々重要になるものと推察される。

3 居住空間における快適な音環境

私たちは日常的に様々な音に曝されながら暮らしている。仮に，住居が幹線道路の近傍や公民館などに隣接していれば，幹線道路を往来する車両や公民館での集会や催物などから様々な音が聞こえてくる。また，毎日のように家族や友人，職場の上司，同僚，部下などとコミュニケーションを図っている。その道具は声である。人の声も音である。

聴感によって私たちが知覚する音は，大雑把にいえば，聞いていて心地良くなる音と五月蠅いと感じる音の二種類である。前者は快適感を導き，気持ちの良い生活空間を演出する。後者は不快感を誘発し，睡眠不足に陥ることや精神的ダメージを受けることもある。音は私たちの住環境の快適性を左右する重要な要素である。

音には，空気の振動やその伝搬という物理現象と聴覚によって知覚される感覚の二面がある。ここでは，住生活における音環境について考えてみる。

物理学的にいえば，音は音波であり，物体の振動が気体や固体中などの媒質を伝わる波動現象である。音源があると，それを取り巻く媒質の圧力が変化し，媒質粒子が動く。そして，それに隣接する媒質粒子は，音源からの作用を受けて振動し，次々に隣接の媒質粒子に振動を伝える。圧力は粒子が密なところで高くなり，疎なところで低くなる。通常，人が聴く音は空気中を伝わる波であり，粒子の運動方向が波の伝搬方向と一致する縦波である。

一方，聴覚によって知覚される感覚，すなわち人が知覚する主観的な音に関しては，音の大きさ（ラウドネス），音の高さ（ピッチ），音色の三要素が音の質を決定する。

まず，物理現象としての音について述べる。音波は縦波，すなわち，疎密波であり，媒質粒子

には密と密，疎と疎の波面が形成される。その距離が波長 λ [m] である。そして，波面が進んで行く早さを音速（または位相速度）c [m] と呼ぶ。なお，1 気圧の下で気温 θ [℃] の空気中の音速は(5)式で与えられる。

$$c \fallingdotseq 331 + 0.6 \, \theta \ [\mathrm{m/s}] \tag{5}$$

　　　ただし，θ：気温（温度）[℃]

よって，音は気温が高いほど早く伝搬することになるが，通常，音速は θ = 15℃ のときの値である 340 [m/s] が用いられる。

　もちろん，音は空気以外のものでも媒質があれば伝搬する。媒質が固体の場合には，せん断力が影響し，縦波以外に横波の形でも伝搬する。固体を伝搬する音を特に固体音または固体伝搬音といい，鉄の場合，音速はおよそ 5000 m/s に達する。固体伝搬音の音速は空気中に比べてはるかに早い。ちなみに水中における音速は 1460 m/s である。真空中では媒質がないので，当然，音は伝わらない。

　平衡時に，ある一点にあった媒質粒子は，音波によりその平衡点を中心に往復運動するのであるが，最も簡単なものは媒質粒子の運動が時間の正弦関数となる音波である。これが純音である。純音は正弦音波とも呼ばれる。純音の場合における媒質粒子の 1 秒間の往復回数が周波数（f）であり，単位は [Hz] である。なお，図 3 に示すように楽器の音は複数の周波数の音が重畳しており，一定の周波数の音が異なった強さのスペクトルを持つ音である。環境音は，通常，様々な波形の音から成り，周波数に対して連続したスペクトルを持つ音である[9]。

　音の強さは，音の存在する空間（音場）において，音の進行方向に垂直な単位断面積（$1\,\mathrm{m^2}$）を単位時間（1 s）に通過する音響エネルギーとして定義される。音の強さの量記号としては，一般的に I が使用され，単位は [$\mathrm{W/m^2}$] となる。なお，聴力が正常な若い人が聞き得る音の強さの最も弱い音は，$0.5\,\mathrm{pW/m^2}$ 程度であるといわれている。逆に，これ以上になると耳が痛いなど，強いほうの限界は約 $1\,\mathrm{W/m^2}$ である。一般に，音はある方向に進行するので，音の進行する方向性を考慮に入れた音の強さを音響インテンシティと呼んでいる。

　媒質が空気の場合，音波によって生じる圧力の大気圧からの変化分が音圧 p [Pa] になるが，

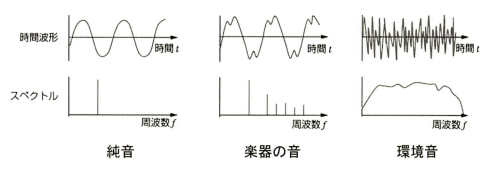

図 3　音の時間波形とスペクトル

空気中を伝搬する音波は空気の疎密の連続として縦波を形成して伝搬するので，密部では圧力が大気圧よりわずかに上昇し，疎部では圧力が降下する。これにより大気上には微弱な交流的の圧力変化が重畳している状態ができる。したがって，この交流的圧力変化が音圧ということになる。音圧の量記号としては p が使用される。通常は，その大きさの実効値を使用する。平面進行波の場合，伝搬方向への音の強さ I と音圧の実効値 p との間には(6)式が成立する。

$$I = p^2/(\rho \cdot c) \ [\mathrm{W/m^2}] \tag{6}$$

　　ただし，ρ：空気の密度（$\mathrm{kg/m^3}$）

　　　　　　c：音の伝搬速度

なお，(6)式の分母 $\rho \cdot c$ を空気の固有音響抵抗と呼び，常温の空気では，$\rho = 1.2 \ \mathrm{kg/m^3}$，$c = 340 \ \mathrm{m/s}$ を用いる。$\rho \cdot c$ は約 400 となる。また，(6)式からわかるように固有音響抵抗の単位は $\mathrm{N \cdot s/m^3}$ または $\mathrm{Pa \cdot s/m}$ となるが，普通は単位を考えない。さらに，正確には $\rho \cdot c = 408$ になるが，400 が用いられる。

　人が聞くことのできる音の強さは，$\mathrm{pW/m^2}$（$10^{-12} \ \mathrm{W/m^2}$）から $\mathrm{W/m^2}$（$10^0 \ \mathrm{W/m^2}$）のオーダーであり，音響エネルギーでは 12 桁の開きがある。音の強弱を表すのに音の強さ（I）や音圧（p）をダイレクトに使うと指数部が大きくなり，とても扱いにくい。また，これらの数値と人が耳で感じる音の大きさとは比例しない。人の音の感じ方は，音の強さ（I）や音圧（p）の対数と比例することが知られており，聴覚の場合，ウェーバー・フュヒナーの法則に基づいて感覚量が求められる。したがって，音の強弱は(7)式や(8)式で定義される。これが音圧レベルである。音響インテンシティレベルの量記号は L_I，音圧レベルは L_p が用いられ，単位はデシベルで，単位記号は［dB］である。

$$L_I = 10 \log \ (I/I_0) \ [\mathrm{dB}] \tag{7}$$

　　ただし，I：音の強さ［$\mathrm{W/m^2}$］

　　　　　　I_0：基準の音の強さ［$\mathrm{W/m^2}$］

$$L_p = 10 \log \ (p^2/p_0^2) \ [\mathrm{dB}] \tag{8}$$

　　ただし，p：実効音圧［Pa］

　　　　　　P_0：基準の音の強さと音圧［Pa］

なお，I_0 と p_0 には，人の可聴最小値を用いる。I_0 には $10^{-12} \ \mathrm{W/m^2} = 1 \ \mathrm{pW/m^2}$ が，p_0 には $2 \times 10^{-5} \ \mathrm{Pa}$ が用いられる。

　また，音圧レベル L_1［dB］と L_2［dB］の音源が同時に存在するときの受音点におけるレベル L［dB］は，(9)式で計算される。

$$L = 10 \log(10^{L1/10} + 10^{L2/10}) \tag{9}$$

(9)式から音源を半分にしてもレベルでは 3 dB しか小さくならないことがわかる。

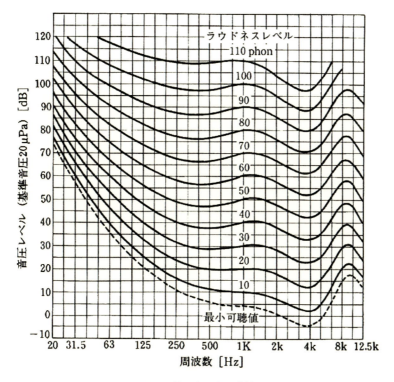

図4　等ラウドネス曲線

　一方，人の聴感には音の三属性と呼ばれるラウドネス，ピッチ，音色が大きな影響を与える。ラウドネスは，人の感覚的要素を加味した音の大きさである。その物理的要素としては音圧あるいは音の強さ［dB］が支配的であるが，これ以外に音の高さ，周波数構成などを複合させた感覚的な値である。人の聴覚は，物理的には同じ音響エネルギーであっても周波数によって感じられる大きさには違いがある。そこで，音の大きさを人間の感覚に近づけるために1000 Hzの音の音圧レベルを基準にとり，ある音と同じ音の大きさに聞こえると判断した純音の音圧レベルの数値を音の大きさのレベル（L_N）と定めている。その単位が［phon］である。したがって，1000 Hzでは音圧レベルと音の大きさのレベルは一致することになるが，1000 Hz以外の周波数では音圧レベルと音の大きさのレベルは異なる。図4に示したように周波数ごとに同じ音の大きさ［phon］に聞こえる音圧を線で結んだものを等ラウドネス曲線または音の大きさの等感曲線と呼んでいる[10]。

　ピッチは音の高さであり，周波数によって決まる。人間は音波の周波数が高くなるにつれて高い音と感じる。若干の個人差はあるが，人間が音として聴き取れる周波数の範囲（可聴範囲）は，20 Hzから20000 Hzといわれている。図5には人の可聴範囲と会話と音楽の周波数帯域と音圧レベルの範囲を示した[11]。これより普通の会話ではその周波数帯域は100 Hz弱から4 kHz付近までであり，声の大きさは音圧レベルにして30 dB付近から80 dB付近にあることがわか

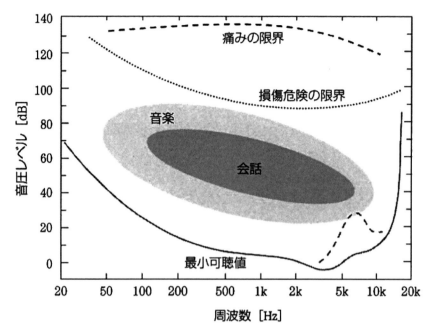

図5　人の可聴範囲と会話・音楽の範囲

る。また，男性の声の周波数帯域は普通100 Hzから400 Hz，女性の声の周波数帯域は150 Hzから1200 Hzといわれており，女性の声の方が男性の声より高い。なお，ある音が他方の音の2倍の周波数であるとき，この音は他方の音に対して1オクターブ上の同じ音程の音として知覚される。したがって，同じ音程の周波数f_1とf_2の二つの音の高さ関係は，オクターブ数をNとすれば，$f_2 / f_1 = 2^N$と表される。

　音色は，極めて官能的，音楽的，心理的な要素の強い音の側面であり，一般に，周波数成分，全体の音の大きさ，時間的特性，波形などが重要な構成要素といわれている。周波数成分には倍音の混合比が深く関係し，全体の音の大きさは一般に大きい音の方が音色は豊かであるとされている。時間的特性とは大きさの立ち上がり，減衰のことで，減衰の早い音は歯切れのよい音色に，長い音は柔らかい音色となる。波形については，正弦波のような丸みを帯びた波形は柔らかで耳触りがよく，矩形波のような波形は金属的で冷たい音になる。

　ここで，住環境の音的快適性について考える。住環境においては望ましくない音，騒がしくて不快と感じる音が存在する。その音の総称が「騒音」である。人の活動は様々な音を発生させており，道路や鉄道などからも騒音が発生している。快適な空気環境や温熱環境の維持の観点からは必要不可欠な換気設備やエアコンなどからも騒音は発生する。騒音が人に与える影響を鑑みると騒音を定量的に評価することは極めて重要であり，これまでに騒音源別や目的別に多くの評価方法が考案されてきた。また，前述したように人の聴覚は周波数によって感度が異なっており，特に低周波数帯域の音に対する感度は鈍い。そこで，人の聴覚の特性を考慮しつつ様々な周波数

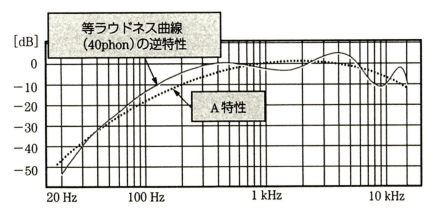

図6　等ラウドネスの逆特性とA特性

の音を含む音の感覚的な強さを表す方法として，騒音レベルが考案された。これは騒音にA特性と呼ばれる周波数の重み付けを行って測定した音圧レベルである。騒音レベルの単位は［dB］であるが，A特性であることを単位だけから識別するために，dB（A），$dB_{(A)}$，dB_Aのように書く。dBにAの文字が添えられていれば，それは騒音レベルである。図6に等ラウドネスの逆特性とA特性を示したが，A特性が人の聴覚感度によく一致していることがわかる[10]。換言すれば，人の聴覚感度に合わせた重み付けを行い，実際に聞こえる騒音に近いものに補正したものが騒音レベルといえる。最も代表的な騒音の評価量が等価騒音レベル（L_{Aeq}：equivalent continuous A-weighted sound pressure level）である。等価騒音レベルは連続的に発生し，変動する騒音のレベルをエネルギー的な時間平均値として示す量であり，国の環境基準にも採用されている。等価騒音レベルは，環境騒音のようにレベルが不規則に変化する変動騒音を評価するための代表値で，その平均的な大きさを一定時間の平均値で表すものである。物理的に意味が明確であり，人が感じる変動騒音の大きさや五月蠅さなどの心理反応ともよい対応を示すと考えられている。表1に室内許容騒音レベルを示し，表2には一般地域における環境基準を示した[12, 13]。人は50 dB（A）前後で騒音を感じる。また，室内騒音の許容値は40 dB（A）といわれている[14]。そのためには不要な音を遮ることのできる壁・床・天井の材料や仕上げが重要となる。壁の音響的性能を述べる場合，防音という言葉が使われることが多いが，専門的には遮音および吸音という言葉が正しい。さらに室内音環境としては，適度な響きをもつ居住空間が快適である。

　遮音は外部からの騒音を壁面が反射させるイメージであるが，壁の遮音性能を表す量としては，(10)式に示す透過率τが用いられる。

$$\tau = P_t / P_i \tag{10}$$
　　　ただし，P_i：入射音のパワー

表1　室内許容騒音レベル

dB（A）	20	25	30	35	40	45	50	55	60
うるささ	無音感―――――――非常に静か				特に気にならない		騒音を感じる		騒音を無視できない
会話・電話への影響			5m離れてささやき声が聞こえる		10m離れて会話可能　電話に支障なし		普通会話（3m以内）　電話は可能		大声会話（3m）　電話やや困難
スタジオ	無響室	アナウンススタジオ	ラジオスタジオ	テレビスタジオ	主調整室	一般事務室			
集会・ホール		音楽室	劇場（中）	舞台劇場		映画館・プラネタリウム		ホール・ロビー	
病院		聴力試験室・特別病院		手術室・病院	診療室	検査室	待合室		
ホテル・住宅				書斎	寝室・客室	宴会場	ロビー		
一般事務室			重役室・大会議室	応接室	小会議室	一般事務室			タイプ室・計算機室
公共建物			公会堂	美術館・博物館	図書閲覧	体育館	屋外スポーツ施設		
学校・教会			音楽教室	講堂・礼拝堂	研究室・普通教室		廊下		
商業建物				音楽喫茶店・書籍店・宝石店・美術店		一般商店・銀行・レストラン・食堂			

表2　環境基準（一般地域の場合）

地域の類型	基準値（L_{Aeq}, dB）	
	昼間	夜間
AA	50以下	40以下
AおよびB	55以下	45以下
C	60以下	50以下

◎時間の区分は昼間を6：00〜22：00，夜間を22：00〜翌朝6：00。
◎AAを当てはめる地域は，療養施設，社会福祉施設が集合して設置される地域など特に静穏を要求される地域。
◎Aを当てはめる地域は，専ら住居の用に供される地域。
◎Bを当てはめる地域は，主として住居の用に供される地域。
◎Cを当てはめる地域は，相当数の住居と併せて商業，工業等の用に供される地域。

　　　　　P_t：透過音のパワー

　実用的には，透過率 τ の逆数をレベルで表示した透過損失（TL）が使われることが多く，TL と τ は(11)式のような関係にある。

$$TL = 10 \log(1/\tau) = 10 \log(P_i/P_t) = 10 \log P_i - 10 \log P_t \tag{11}$$

(11)式より明らかなように透過損失 TL とは入射音と透過音のレベルの差である。

　吸音について考えると実際には壁などの境界面に音が入射したときに入射音のパワー（P_i）は，反射音のパワー（P_r），透過音のパワー（P_t），壁体中で熱に変換されるパワー（P_a）の3つ

に分配される。入射したパワーに対する反射されなかったパワーの割合が吸音率（α）となる。したがって，αとP_i, P_r, P_t, P_aの間には⑿式が成り立つ。

$$\alpha = (P_i - P_r)/P_i = (P_a + P_t)/P_i \tag{12}$$

　次に，響きである。室内で音が発生すると音は壁面での反射を繰り返し，反射の度に吸音率に応じて室内に反射するパワーは小さくなる。反射の繰り返しによって徐々に室内の音が減衰して聞こえる。これが残響である。したがって，壁面の吸音率が高ければ響きは短く，吸音率が低ければ響きは長くなる。実際には，壁・床・天井にはそれぞれ吸音率の異なる材料が使用されているため，各面の吸音率と面積の積の和が響きの長さを決める。吸音率と面積の積が吸音力になる。また，吸音率を面積で割ると，室内の平均的な吸音率が求められ，これを平均吸音率（$\bar{\alpha}$）と呼ぶ。特に，音のエネルギー密度が60 dB（すなわち10^{-6}）だけ減衰するのに要する時間を残響時間T_{60} [s] という。W. Sabine は，室内条件と残響時間との関係を求めるための実験を繰り返し，⒀式に示すセービンの残響式を導いた。

$$T_{60} = 0.16 \cdot V/A \tag{13}$$

　　　　ただし，$A = \bar{\alpha} S = \sum_i \alpha_i S_i + \sum_j A_j$

　　　　V：室容量 [m³]，A：室の吸音力，S：室内全面積 [m²]，$\bar{\alpha}$：平均吸音率，

　　　　α_i：各表面の吸音率，S_i：各表面の面積 [m²]，A_j：人体や家具などの吸音力 [m²]

図7に周波数500 Hz における最適残時間と室容量との関係を示した[15]。部屋の大きさは同じでも部屋の使用目的に応じて最適残響時間が異なることがわかる。また，同じ使用目的の部屋であれば部屋が大きく（広く）なればなるほど最適残響時間は長くなる，すなわち広い部屋ほど残響時間を適度に長くすることが気持の良い音環境の設計には必要となる。

　一方，避けたいものがエコー（反響）である。部屋の壁面や天井などに大きな面や大きな曲面があると，その面から反射音が生じ，直接音から分離して聞こえる現象がエコーである。エコーと残響は別物である。ホールや体育館などのような大きな室では，直接音とエコーが到来する時間に数100 ms の差が生じることがある。これをロングパスエコーとも呼び，山彦のように聞こえる。音の明瞭化を低下させる音響障害の一種である。また，平行な面があると，その間で音が何度も往復反射を繰り返す。この種のエコーがフラッターエコーまたは鳴き竜である。フラッターエコーは比較的小さな部屋でも聞こえることがあり，注意が必要である。

　最後に聴覚機能にかかわる心理効果に触れる。音に関連する心理効果としては，マスキング効果，カクテルパーティー効果，両耳効果，先行音効果，聴覚認知と学習効果が挙げられる。ここでは快適な音環境の創造に活用できる，あるいは留意すべき要素と考えられるマスキング効果とカクテルパーティー効果を取り上げる。

　マスキング効果（masking effect）とは，ある音が別の音の存在によって聞き取りにくくなる現象のことである。別の音のことをマスカーといい，マスカーが大きいほどその効果は大きくな

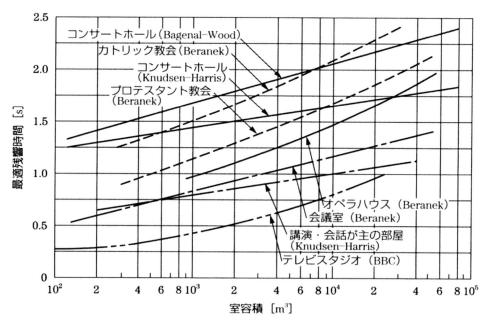

図7　500 Hz の最適残時間と室容量

る。また，マスカーとある音のピッチが近いほどマスクされやすく，ピッチが異なる場合には，マスカーより高い周波数の音は低い音よりマスクされやすい。混雑した駅などでは騒音が激しく，騒音のマスキング効果によって構内放送が聞き取りにくくなるケースがある。逆に，レストランやミーティングスペースなどでは，BGM などを流すことによって会話の内容を周りの人に聞かれにくくするなどの工夫がなされている。トイレの流水音発生装置もマスキング効果を利用したものであり，住環境を音的に快適にする工夫といえる。マスキング効果は，空間の演出やプライバシーの保護に活用できる。

　カクテルパーティー効果（cocktail party effect）とは選択的注意によって聞きたい音だけを聞き取ることができるという心理的効果である。これに関連する内容としては，生活の中で聞こえてくる音のうち，小さな音でも一度気になり始めると常に聞こえて悩まされることがある。音の認知には，人の意識のあり方，精神滝状態が深く関係しており，騒音レベルなど物理量による評価のみでは説明できない領域ではあるが，十分な配慮が必要である。

文　　献

1)　渡辺優監修，インテリアコーディネーターハンドブック技術編［改訂版］，p.9，インテリア産業協会（2008）

2)　五味文彦，鳥海靖編，もういちど読む山川日本史，p.5，山川出版社（2009）

3)　TORI CARPET 2007-2010，東リ（2007）

4)　田中俊六，武田仁，岩田利枝，土屋喬雄，寺尾道仁，最新建築環境工学［改訂3版］，p.50，井上書院（2008）

5)　中島利誠編著，金子惠以子，清水裕子，牛腸ヒロミ，牟田緑著，新版概説被服材料学，p.102，光生館（2001）

6)　岩田利枝，上野佳奈子，高橋達，二宮秀與，光田恵，吉沢望，生活環境学，p.73，井上書院（2008）

7)　田中俊六，武田仁，岩田利枝，土屋喬雄，寺尾道仁，最新建築環境工学［改訂3版］，p.51，井上書院（2008）

8)　田中俊六，武田仁，岩田利枝，土屋喬雄，寺尾道仁，最新建築環境工学［改訂3版］，p.55，井上書院（2008）

9)　岩田利枝，上野佳奈子，高橋達，二宮秀與，光田恵，吉沢望，生活環境学，p.22，井上書院（2008）

10)　岩田利枝，上野佳奈子，高橋達，二宮秀與，光田恵，吉沢望，生活環境学，p.30，井上書院（2008）

11)　岩田利枝，上野佳奈子，高橋達，二宮秀與，光田恵，吉沢望，生活環境学，p.27，井上書院（2008）

12)　渡辺優監修，インテリアコーディネーターハンドブック技術編［改訂版］，p.215，インテリア産業協会（2008）

13)　田中俊六，武田仁，岩田利枝，土屋喬雄，寺尾道仁，最新建築環境工学［改訂3版］，p.296，井上書院（2008）

14)　日本建築学会編，コンパクト建築設計資料集成［インテリア］，p.56，丸善（2011）

15)　日本建築学会編，建築資料集成1　環境，p.36，丸善（2007）

第18章　住環境における感性設計
（浴室用シャワーヘッド）

岡本美南*

1　背景，目的

　近年，気候変化や都市部への人口集中の影響で水資源の不足は世界的に深刻な問題となっており，地球規模での節水が求められている。また，水を使用すると，水の運搬や浄化，下水処理にエネルギーを消費し，それに伴い CO_2 が排出される。これまで多くの研究により，水を多く使用する浴室での CO_2 排出量が多いことが指摘されている[1,2]。使用水量の削減が期待できる節水型シャワーヘッドの採用は，水資源の保全のみならず，CO_2 排出量の削減にも有効である。一方，Consumer Report[3] では流量とシャワー吐水の使用満足度に強い関係性があることを指摘している。従来のシャワーヘッドの設計では，十分な流量が確保できないために，使用するうえでの満足度を損なう可能性が高い。いくら節水型シャワーが開発されても，使用者が満足しなければ，市場に受け入れられず，結果として使用水量の削減にはつながらない。節水型シャワーヘッドを普及させることによる水の効率的利用を進めるため，使用者の満足度が高い節水型シャワーヘッドが必要とされている。

　そこで本研究は，使用満足度がどのように評価されるかを明らかにすることで，使用満足度を高める使用水量以外の要因を探ることを目的とする。シャワー吐水に求められる機能を調査した結果[4] では，「浴び心地の良さ」と「すすぎやすさ」が重要な機能として挙げられていたことから，使用満足度を「浴び心地の良さ」と「すすぎやすさ」から構成されると定義し，「浴び心地の良さ」と「すすぎやすさ」が，どのような心理的感覚，物理的現象に惹起されている印象なのかを検討した。

2　シャワー吐水の浴び心地に影響する心理的要因の分析

　浴び心地がどのように評価されるかを心理的側面から明らかにすることで，浴び心地を高める使用水量以外の心理的要因を探ることを目的とした。そこで，使用者の視点に合った評価形容語を用いて浴び心地評価を行い，これらを元に「浴び心地が良い」状態を記述することによって，浴び心地を高める心理的な要因を考察する研究を行った[5]。

---

　* 　Minami Okamoto　TOTO㈱　総合研究所　商品研究部

2.1　評価形容語の抽出

　まず，被験者 10 名からシャワー吐水から感じる感覚を評価する評価形容語を聴取し，それら
を KJ 法的に整理することで，シャワー吐水の感覚を表す評価形容語として設定を行った。被験
者の手に対して，ランダムにシャワー吐水刺激を呈示し，その触知覚について「〜な感じがす
る」という回答をさせた。このタスクを日本，アジア，欧州で発売されているシャワーヘッド 9
種類のシャワー吐水に対してそれぞれ回答させ，評価形容語を収集した。次に収集した評価形容
語を，KJ 法的に整理した。被験者により，収集した評価形容語のうち，似た意味を持つ評価形
容語をグループ化し，グループごとに表札をつけた。この表札を，シャワー吐水の触知覚を表す
評価形容語として決定した。実験結果を図 1 に示す。シャワー吐水の触知覚を表す評価形容語と
して，「強い」，「なめらかな」，「柔らかい」など吐水の刺激に対する項目がみられることから，
シャワー吐水の刺激に対する評価視点が示唆された。また，「温かい」という身体の温まりに関
する評価項目がみられることから，シャワー吐水から得られる身体の温まりに対する評価視点が
示唆される結果となった。

2.2　浴び心地に対する心理構造の分析

　次に浴び心地の良さの総合的な評価データと，シャワー吐水の触知覚を表す評価形容語に沿っ
て，9 種類のシャワーヘッドの評価を行う入浴実験を実施した。評価は「全くそう思わない」か
ら「とてもそう思う」の 7 段階で行った。被験者は 20 代の男女 12 名とした。

　得られた評価データに対して因子分析を行い，シャワー吐水による触知覚を整理した。主因子
法，因子数 2，バリマックス回転による因子分析を行った結果を表 1 に示す。第一因子には「柔

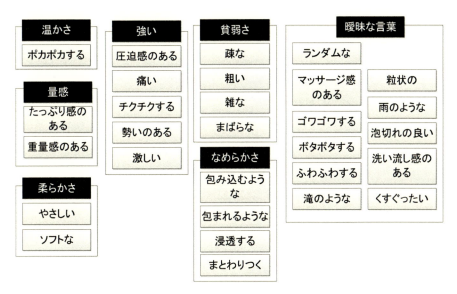

図 1　触知覚印象の評価形容語整理結果

表1　因子分析結果

評価形容語	因子負荷量		共通性
	第一因子	第二因子	
柔らかさ	*0.89*	0.35	0.92
なめらかさ	*0.83*	0.34	0.81
強さ	*−0.78*	−0.16	0.64
量感	0.25	*0.95*	0.96
温かさ	0.28	*0.81*	0.74
貧弱さ	−0.20	*−0.58*	0.37
固有値	2.3	2.2	
累積寄与率［%］	38	74	

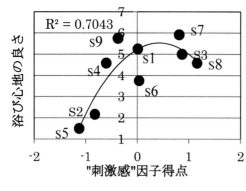 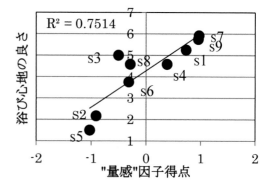

図2　浴び心地の良さと因子得点の関係

らかさ」,「なめらかさ」,「強さ」の因子負荷量が大きいことから, シャワー吐水から受ける刺激に対する共通因子と解釈した。因子名は「刺激感（の少なさ）」とした。

　一方, 第二因子は「量感」,「温かさ」,「貧弱さ」の因子負荷量が大きかった。量感や貧弱さはシャワー吐水から身体に吐水される水量の多さに対する感覚であり, 温かさは吐水から受ける熱による身体の温まり方に対する感覚である。そこでこの因子は, 身体の温まりや感じる水量に対する共通因子と解釈し, 因子名を「量感」とした。

　次に, 整理したシャワー吐水による触知覚と総合的な浴び心地の良さの関係を分析するため, 浴び心地の良さのシャワーヘッド別の評定平均点と, 触知覚の評価を因子分析した結果より求めたシャワーヘッド別の因子得点との相関分析を行った。結果を図2に示す。

　「刺激感」は, シャワー吐水の刺激に対する共通因子と考えられる。シャワー吐水の刺激は, 身体に強くあたりすぎても痛みを感じて不快に感じ, 反対に弱く当たっても物足りなさを感じて不快に感じるのではないかと考えられ,「刺激感」には適値が存在し, 適値から外れるほど浴び心地の良さが損なわれると推測した。そこで, 浴び心地の良さの評定平均点と「刺激感」の因子得点を下記の2次関数式で回帰分析した。

$$\text{「刺激感」：} y = -1.6x^2 + 1.4x + 5.2 \tag{1}$$

　　　y：浴び心地の良さの評定平均点，x：「刺激感」の因子得点

　決定係数 $R_2 = 0.75$ であったため，浴び心地の良さを示すモデルとしてあてはまることが示され，浴び心地の良さと「刺激感」との間には関係があると考えられた。

　「量感」は身体の温まりや感じる水量の多さに対する共通因子と考えられるため，浴び心地との関係は線形関係を示すと推測した。そこで浴び心地の良さの評定平均点と「量感」の因子得点を下記の 1 次関数式で回帰させた。

$$\text{「量感」：} y = 1.7x + 4.3 \tag{2}$$

　　　y：浴び心地の良さの評定平均点，x：「量感」の因子得点

　決定係数 $R_2 = 0.70$ であったため，浴び心地に良さを示すモデルとしてあてはまることが示され，浴び心地の良さと「量感」との間に関係があると考えられた。

　この結果から，シャワー吐水から受ける刺激は，浴び心地に影響する要因であることが示唆された。さらに，刺激を適度に調整することで，浴び心地が高められる可能性があると考えられた。また，「量感」は，シャワー吐水から受ける温まりや水量に対する感覚が浴び心地に影響する要因であることが示唆された。さらに，これらを多いと感じさせることで，浴び心地を高められる可能性が考えられた。以上の取り組みにより，使用水量を変えずに浴び心地を高める心理的要因を明らかにした。

3　シャワー吐水のすすぎやすさに対する心理構造分析

　シャワー吐水のすすぎやすさに対する心理構造分析とすすぎやすさに影響を与えると考えられるシャワー吐水の物理特性を，すすぎ時を模した水流の定性的な観察から行うことにより，すすぎやすさを高める心理的，物理的要因を検討する研究を行った[6]。本研究ではすすぎ動作の中で最も感覚の違いが表れると期待される髪のすすぎやすさに着目した。髪のすすぎやすさを検討した研究が少ないことから，心理的なすすぎやすさの評価と髪のすすぎにかかる時間には対応関係があるかを明確にする必要があると考えた。そこで 2 つの実験を実施することとし，すすぎやすさを高めるシャワー吐水について検討した。

　なお，被験者の髪の長さが心理的なすすぎやすさの評価に影響を与えると考え，髪の長さに偏りがないように被験者を選定した。髪の長さは肩を基準に，髪の長さが肩に届かない（長さが頭頂部から約 300 mm 以下）場合をショート，肩下 100 mm の長さ（頭頂部から約 300 mm ～ 400 mm）をミディアム，100 mm を超える長さ（頭頂部から約 400 mm 以上）をロングと髪の長さから 3 つのグループを設定し，被験者を選定した。

3.1 実験① すすぎやすさとすすぎ時間の関係検証

　実験①では，心理的なすすぎやすさとすすぎにかかる時間の計測を行い，2つの指標の関係を調べた。入浴実験を実施し，被験者に複数本のシャワーヘッドを使ってシャンプーで髪を泡立てた髪をすすがせ，シャワー吐水のすすぎやすさ感の印象評価とシャワー吐水のすすぎ時間を測定した。両指標の対応関係を一元配置の分散分析し，シャワーヘッド間の有意差の有無を確認することでシャワー吐水の違いがすすぎ時間とすすぎやすさ感に影響を及ぼすかを確認した。

　図3にすすぎやすさの印象評価点とすすぎ時間の平均値をシャワーヘッド別に示す。シャワーヘッド間で結果に差があるかを確認するために，一元配置の分散分析を実施した結果，すすぎやすさの平均値はシャワーヘッドごとに有意に異なった（$F_{(5,73)} = 3.737$，$p = 0.005$）。一方で，すすぎ時間の平均値はシャワーヘッドごとに有意な差がみられなかった（$F_{(5,73)} = 0.476$，$p = 0.793$）。この結果から，心理的なすすぎやすさの評価と髪のすすぎにかかる時間に対応関係はなく，別々の指標と捉える必要があると考えられた。

3.2 実験② すすぎやすさの心理構造分析

　実験②では，2つの実験から，すすぎやすさがどのような印象要因から影響を受けた触知覚であるかを明らかにした。実験②-1として，すすぎやすさ感がどのような印象要因から惹起されるかを分析するための実験を行った。すすぎやすさ感は，人によって解釈が異なる可能性が考えられることからすすぎやすさ／すすぎにくさ感に関係した具体的な印象要因を抽出し，すすぎやすい状態を定量的に記述することを試みた。被験者はシャンプーで髪を泡立てた髪をすすがせた時のすすぎやすさについて具体的な表現を回答させた。すべての被験者の表現を収集し，それらの表現の内容を整理してすすぎやすさを評価する評価形容語を選定した。実験②-2として，選

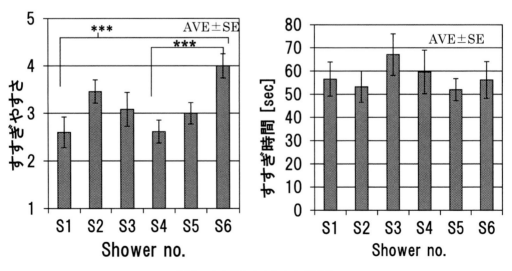

図3　すすぎやすさとすすぎ時間

表 2　重回帰分析結果（髪の長さ別，男女別）

	男性		女性	
	Short	Short	Medium	Long
	β	β	β	β
第一因子（水粒の浸透力）	0.68*	0.80***	0.70***	0.63***
第二因子（水流の密集性）	0.19	0.15	0.36***	0.42***
決定係数 R^2	0.79***	0.89***	0.92***	0.87***

目的変数：総合評価
β：標準偏回帰係数
*$p < 0.05$，**$p < 0.01$，***$p < 0.001$

定された評価形容語を用いて入浴実験を実施し，シャワー吐水に対する評価データを得た。得られた評価形容語による評価データを因子分析し，すすぎやすさの心理的構造を分析して説明変数を明らかにした。すすぎやすさの総合的な評価と評価形容語による結果を重回帰分析することで，すすぎやすさに影響を与えている印象要因を明らかにすることを試みた。さらに髪の長さ別に分析することで，すすぎやすさを評価する視点の違いについても考察した。

　実験②−1 で得られた 10 種類の評価形容語を用いて，実験②−2 で 6 種類のシャワーヘッドについて評価したデータに対し因子分析を行った結果から，第一因子を「水粒の浸透力」，第二因子を「水流の密集性」と解釈した。

　さらに，すすぎやすさの総合的な評価に影響を与えている要因を分析するために，実験①で得られたすすぎやすさの総合評価を目的変数として，因子分析によって得られた 2 因子を説明変数として重回帰分析した結果，特に，「水粒の浸透力」を高めると心理的なすすぎやすさも高まることが分かった。一方で髪の長さ別に重回帰分析を行った結果（表 2 参照）から，「水粒の浸透力」はすすぎやすさの重要な要因になっていることが示唆される一方で，「水流の密集性」からすすぎやすさの総合評価への回帰は，髪の長さがショートの場合は有意でなく，髪が長くなるにつれて重回帰係数が大きくなったことから，髪の長さが長くなるほど，水流の密集性が重要な因子になることが示唆される結果であった。

3.3　すすぎ時のシャワー水流観察

　心理的なすすぎやすさと水流の作用や現象の関係を考察し，すすぎやすさを高める吐水について検討した。すすぎやすさを高める物理的要因を検討するため，実験①ですすぎやすさの総合評価が有意に異なるシャワーについて着水時の現象を観察した。図 4 に実験器具設置状況を示す，アクリル板にシャワー吐水を行った際の泡が水流に流されていく様子をハイスピードカメラで撮影し，観察を行った結果，すすぎやすさが高く評価されたシャワーに比べ，すすぎやすさが低く評価されたシャワーは，散水されている範囲は広いが，水流により泡が流されている部分が点在しており，散水されている範囲に対して泡が取り残される部分が存在していることが観察された。

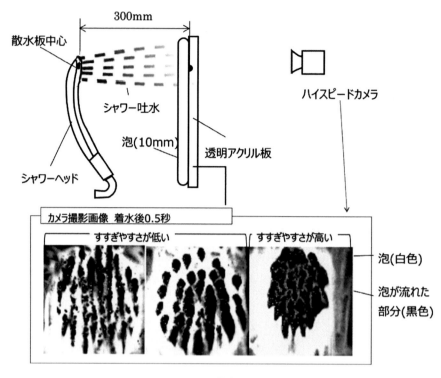

図4　シャワー着水時の現象撮影

3.4　すすぎやすさを高める心理的，物理的要因の考察

　実使用における髪のすすぎ方を考えると，シャンプーで泡立てた髪をすすぐ際に，まずシャワーの水流を頭部に当て，髪や頭皮上の泡を流し，次に泡が流れなかったところに水を届かせ，泡を流すためにシャワーヘッドや頭，手を動かしていることが想定される。シャワーの水流が頭部に当たった直後は，「髪に覆われた奥にある頭皮まで水流が届くか」という点が心理的なすすぎやすさの感覚につながっており，この感覚が「水粒の浸透感」であると考えられる。すすぎやすさが高く評価されたシャワーは，水流が密集しているために，局所的な水量が多くなり頭皮まで水が届きやすいと考えられる。水流が頭部に着水した後は，泡が取り残された部分に対してシャワーヘッドや頭，手を動かしていることが想定される。着水後の水流は髪の長手方向に沿って流れていきやすいと考えられ，髪の長さが長いほど，泡が取り残された部分に届きにくくなることが想定される。このため，髪の長さが長くなるほどすすぎやすさへの寄与が大きくなる「密集性」という感覚は，取り残された泡に対する感覚を指していると考えられる。

　以上の結果からシャワーの水粒を髪の間や頭皮まで浸透させること，着水地点で水流を密集させることで，すすぎやすさを高めることができる可能性を得た。

4　おわりに

これまで従来型の節水型シャワーヘッドの多くは，使用水量は少ないが使用満足度も低かった。本研究を通して得られた知見を用い，エアインシャワー[7]やコンフォートウエーブシャワー[8]といった，節水と使用満足度を両立させることを目指した新しい節水型シャワーヘッドの開発につなげた。今後も使用満足度の高い節水型シャワーの開発・普及を通して，社会全体での満足度の向上と，環境貢献の両立を図っていく所存である。

文　　献

1)　Y. Shimizu *et al.*, *Water*, **4**, p.759-p.769（2012）

2)　M. J. Hakket *et al.*, *J. Sustinable Development*, **2**, p.36-p.43（2009）

3)　Consumer Reports:http://www.consumerreports.org/cro/showerheads.html（参照 2017-06-30）

4)　東京ガス都市生活研究所 :http://www.toshiken.com/report/hot34.html　（参照 2017-06-30）

5)　岡本美南ほか，日本感性工学会論文誌，**14**（1），p.173-p.180（2015）

6)　岡本美南ほか，日本感性工学会論文誌，**16**（1），p.155-p.161（2017）

7)　岡本美南，バイオメカニズム学会誌，**40**（1），p.21-p24（2016）

8)　渡邊 慧ほか，吐水装置，特許第 6236751 号（2017）

第19章　認知症高齢者の「心地良さ」と環境づくり

白井みどり*1，瓜﨑美幸*2

1　はじめに

　日本の高齢者人口は 2980 万人で，総人口に占める割合は 23.3 ％と過去最高となった（平成 23年 9 月 15 日現在推計）。高齢者人口の増加とともに，認知症を有する高齢者の割合も年々増加しており[1]，その対応が急務とされている。

　認知症の症状は，記憶障害などの中核症状，徘徊や日常生活動作の障害など行動心理症状（Behavioral and Psychological Symptoms of Dementia 以下，BPSD とする）に分けられるが，特に BPSD が出現すると高齢者も家族を含む援助者も心身の負担が大きい。BPSD は必ず出現する症状ではなく，高齢者の体調不良，ケアの不足，環境が整っていないことなどでおこるとされ，その治療も，環境づくりなど非薬物療法が重要と考えられている[2]。認知症になると「（食事をしたことを忘れて）食べていない」「（家に帰ろうと思うが）場所がわからない」などの状態になり，生活に支障をきたす。また，生活行動の段取りやスケジュールなど見通しのつかないことで混乱や不安を生じ，コミュニケーション能力の低下により，そのことを伝えることができない。従って，認知症高齢者を理解し，混乱や不安などを生じさせない環境をつくることが重要になる。

　本特集のテーマである「心地良さ」は，筆者らが認知症高齢者を対象に行ってきたケアや研究で目指す「安楽」と同様の意味を持つと考えられる。安楽とは，単に身体的に不快感や苦痛がないだけでなく，高齢者個々の信条・価値観や生活習慣などとの関連も含めて，安心，満足，楽しいなど精神的・社会的に充実した状態と考えられる。安楽は何もせずに単に不快感や痛みがない状態といった消極的な意味ではなく，健康や生活上の問題に高齢者自身が立ち向かう準備状態であり，克服して再生することも含む積極的な意味を持つと考える[3,4]。また，援助する際は，高齢者自身が健康や生活上の問題に立ち向かえるように「できないこと」ばかりに注目するのではなく，「できること」を探すことに発想を転換し，「できること」を高齢者がやってみようとする環境をつくることが重要となる。そのためには，コミュニケーションが困難になった認知症高齢者の不快感や痛みなどの体性感覚を理解する方法，高齢者の「心地良さ」につながるような物や素材の開発などが必要となる。これらは医療・福祉分野の研究だけで実現することは困難であり，工学分野との共同研究により，可能になると考える。本稿では認知症高齢者の特徴や環境づ

＊1　Midori Shirai　大阪市立大学　大学院看護学研究科　教授

＊2　Miyuki Urizaki　淀川キリスト教病院　認知症看護認定看護師

くりについて解説するので，認知症高齢者ケアに興味を持っていただき，共同研究のきっかけに
なることを期待する。

2　認知症高齢者の特徴

2.1　認知症とは

　認知症とは「一度発達した知的機能が，脳の器質的障害によって，広汎に継続的に低下した状
態」と定義されている[5]。認知症は記憶・思考・判断・注意の障害がおこる症候群で，脳の器質
的病変によるアルツハイマー病やレビー小体型認知症，脳血管が障害されておこる脳血管性認知
症が代表的であり，その他に慢性硬膜下血腫，甲状腺機能低下症，糖尿病などの血糖異常，アル
コール中毒などによってもおこる。このように，認知症は多様な疾患を原因とし，発症年齢，生
活歴，ケア環境などでその症状は大きく異なる。認知症は数日〜数週間で回復するせん妄とは異
なる。例えば元気だった高齢者が骨折などで入院すると，幻覚・妄想といった認知症のような症
状が現れることがあるが，これはせん妄であり認知症とは区別される。

　代表的な疾患であるアルツハイマー型認知症は，高齢になるほど発症頻度が高く，男性より女
性のほうがやや多くみられる。特徴的な症状は，初期から，記憶障害に見当識障害，高次脳機能
障害が見られ，緩徐に進行する。重症化すると運動障害など身体機能も低下していく。レビー小
体型認知症も緩徐に発症し徐々に進行する。特徴的な症状は，アルツハイマー型認知症とは異な
り，初期からの記憶障害は目立たず，リアルな幻視，自律神経症状（便秘，レム睡眠障害，失神
など），パーキンソン症状（最初の一歩が出にくくなる歩行障害，安静時の手足の震え，関節が
動きにくくなるなど）がおこる。脳血管性認知症は，脳血管障害がおこるごとに段階的に悪化す
る。脳血管障害の部位によって症状は異なり，身体の片側の麻痺や上記のパーキンソン症状など
の運動障害を伴う。特徴的な症状は初期からの記憶障害，自発性の低下などで，症状の出現は時
間や日によって変化することがあり，まだら認知症とも呼ばれている。身体疾患に高血圧症，糖
尿病，心疾患などの生活習慣病を合併していることが多い。

2.2　認知症の症状

2.2.1　中核症状[6〜8]

　認知症の中核となる症状は，脳が器質的に変化するためにおこる症状であり，その出現時期や
程度には個人差はあるものの，必須かつ永続的な症状である。中核症状が出現すると今まで日常
的に行ってきた生活行動が困難になり，生活様式を変えざるを得なくなる。主な中核症状の特徴
を表1に示す。記憶障害は，新しい情報を学習する，想起する能力の障害で，多くの場合，近時
記憶（数分から数日間にわたる記憶）が障害される。見当識障害は，日時や季節の認識，場所，
自分の名前や年齢，自分と他者との関係などの認識が障害される。実行機能や高次脳機能の障害
がおこると，料理などの行動の手順やスケジュールの管理，使い慣れた物が使えなくなるなど，

表1　中核症状の特徴

記憶障害		新しい情報を学習したり，以前学習した情報を想起する能力の障害
見当識障害		時間・場所・人の認識の障害
判断力の障害		今の状況を理解する能力の障害
問題解決能力の障害		今の状況を理解し，適切に行動する能力の障害
実行機能の障害		計画を立て実際の行動を行う，順序立てるという能力の障害
高次脳機能障害	失行	麻痺がないにも関わらず，日常の習熟動作ができない 空間的な距離や位置がわからない，道具が上手く使えない
	失語	声帯や舌などの発語機能に異常がないのに，流暢に発語できない，発語が減少する，言語が理解できない
	失認	感覚機能に異常がないのに物体を認知できなくなる障害 視覚や視野が保たれているにも関わらず，視覚的に物などが分からない，物などの大きさや形の分別ができない

生活に支障が出る。言語機能も低下するため，話しかける他者の言葉が理解できない，自らの欲求を訴えることができないなど，コミュニケーションが困難になる。

2.2.2　BPSD

BPSD（行動心理症状）は冒頭で述べた通り，認知症に必須の症状ではなく，また，永続するものではない。その人の経験や人間関係，性格なども絡み合って，現れ方は人によってさまざまである。実践現場でよく見られるBPSD，考えられる原因，ケアの例を表2に示す。例えば，見当識障害などがおこるとトイレの場所が分からなくなり，トイレ以外の場所で排泄してしまうことがある。このような場合は，見当識障害を理解し，それを修正しようとするのではなく，排泄パターンを把握してトイレに誘導する，視覚的に認識しやすいトイレの表示を考えるなどの援助が必要となる。逆にトイレが解らないことを何度も注意をしたり，トイレで排泄できるにも関わらずおむつを着用させるなどすると，BPSDを重症化させ，認知症高齢者も援助者も負担が増強する。したがって，認知症高齢者のみならず援助者のためにもBPSDをおこす原因を考え，認知症高齢者の健康管理と環境づくりを行う必要がある。

2.3　加齢に伴う変化

認知症高齢者のケアでは，認知症の疾患特性だけでなく，加齢による心身の機能低下やその特徴を理解する必要がある。特に，心地良さを考える場合は，直接的に関連する感覚器の変化は重要であろう。

視覚では視力の低下，視野の狭窄，明暗順応時間の延長，色覚識別能力の低下があげられる。老眼は水晶体の調整力の低下によりおこり，視野の狭窄は眼瞼下垂や網膜の神経細胞の減少などにより特に視界の上方が見えなくなることが多い。明暗順応時間の低下は，瞳孔を調整する虹彩の弾力性の低下や視細胞の減少などによりおこる。色覚判別能力の低下は水晶体の黄色化と短波長の感度の低下が影響し，青と紫，緑と黄，黄と白の判別が難しくなるとされている。

表2　よく見られる BPSD と考えられる原因・ケアの例

BPSD	考えられる原因	ケア
• 休むことなく歩きまわる(徘徊)。 • 他人の部屋や家に入り込む。	• 状況を正しく認識できず，何か手掛かりを探している。 • トイレを探している。 • 家に帰る方法を探している。 • 入院や入所など，新しい環境で不安である。 • 自分の部屋，ベッドが解らない。	• 時間や場所が分かるように，時計やスケジュール表を設置する。 • トイレなどの場所が分かりやすいように目印をつける。 • 部屋に写真立てや布団など馴染みの物を置く。 • 洗濯や料理など今までの生活習慣が出来る環境を作る。 • 自らの部屋，ベッドが認識できるような目印や表札などをつける。
不潔行為 • トイレ以外の場所で排泄をする。 • ズボンがずれたままで人前に出る。	• トイレの場所が分からない。 • トイレの使い方が解らない，上手く排泄動作ができない。 • 衣類の着脱が上手くできない。	• トイレにわかりやすい目印をつける。 • 便器や洗浄ボタンが認識しやすいように目印を付ける。 • 着脱しすい衣類を着用する。 • 排泄や衣服の着脱などの動作の手順がわかるよう伝える。
混乱・不穏・大声	• 身体のどこかに痛みや不快感があるが上手く表現できない。 • 次の予定や，今居る場所が分からない。 • 周囲の人の話声や物音を不快に感じる。	• 下痢，便秘，空腹などの身体的なニードが充足されているか確認する。 • 毎日使う車椅子や靴が本人に合っているか確認する。 • カート（ワゴン）の音，鍵がかかるときの電子音など不快な音を取り除く。良質な音楽や香りを取り入れる。
• 食事を食べない。 • 食べた後に食べていないと言う。	• 食事を見ても食欲が湧かない。 • 食事動作にかなりの負担感がある，本人にあった箸やスプーンでない。 • 食べたことを忘れてしまう。	• 視覚だけでなく嗅覚に働きかける食材を使用する。 • 認知しやすい食器の選択（以前使っていた食器や陶器の器，食器と食材の色にコントラストをつけるなど）。 • 本人に合った使いやすい食器や補助具を使う。 • メニューカレンダーを設置する。
無気力・抑うつ	• 何をしていいのか分からず，不安で部屋に閉じこもってしまう。	• 落ちつける空間づくりを行う（ソファの設置，花を飾る，柔らかい素材のクッションの設置など）。 • 皆で集うことのできる場づくりを行う。

　聴力では，老人性難聴があり感覚受容細胞の脱落やラセン神経節の萎縮が影響している。特に高音域の聴力が低下し，日常会話の速度についていけなくなる。また，小さい音が聞こえにくくなるが，大きな音は不快に響くなど音の快適レベルの幅も狭くなる。

　触覚は，痛覚，圧覚，温覚が感覚受容器の数の減少や形態の変化により鈍くなるとされ，熱症や褥瘡などに対する防衛機能が低下した状態になるとともに，手先の器用さも低下する。

　嗅覚については，嗅細胞の減少により，閾値が上昇し，においの識別が難しくなるが，個人差が大きいとされる[9]。

　感覚器の他に，認知症高齢者ケアを考える際には，加齢による精神心理的特徴も重要である。

高齢者は，年をとると角がとれて人柄が丸くなるといわれる反面，頑固で融通がきかないというように，人格の一部が先鋭化すると言われている。しかし，長い人生を生き抜く中で様々な社会的役割を果たしてきたという自尊心があることを忘れてはならない。年代によって生きてきた時代背景が異なり，加えて個人的な人生経験の積み重ねによって価値観などが異なることを理解する必要がある。

3　認知症高齢者の環境づくりに関する研究

3.1　認知症高齢者の環境づくりの意義・目的

　私たちは自分にとって快適で心地良い環境を求め，知らず知らずのうちに環境づくりをしている。例えば，好きな物を部屋に置く，手触りのよい物や使い慣れた物を選ぶ，騒がしい空間を避ける，自分に合ったスケジュールを作るなどである。環境づくりには，自らが置かれている環境の状態を認識・判断，心地良い環境をつくるための計画立案，実施の能力が必要である。認知症高齢者は先に述べたとおり，記憶障害，見当識障害，実行機能障害などにより，環境をつくることが困難な状態になる。記憶障害や見当識障害などのある認知症高齢者だからこそ，わかりやすい，行動を想起しやすい，心地良い生活環境を提供する援助が必要である。この援助により，日常生活の支障を最小限にし，潜在能力を引き出すことができると考えられる。

3.2　認知症高齢者への環境支援のための指針（PEAP 日本版 3）[10]

　PEAP（Professional Environmental Assessment Protocol）とは，Weisman らが認知症ケアユニットの環境評価を目的に開発したツールであり，我が国では児玉らが日本の実情に合わせて改変した PEAP 日本版 3 が広く使用されている。

　PEAP 日本版 3 は，高齢者施設における建築などの物理的環境はもちろんのこと，ケアや施設の運営方針など多面的な環境因子を含む 8 つの次元と，環境支援のポイントとなる 31 の項目から構成されている。8 次元は「見当識の支援」「機能的な能力への支援」「環境における刺激の質と調整」「安全と安心への支援」「生活の継続性への支援」「自己選択への支援」「プライバシーの確保」「ふれあいの促進」である。

3.3　環境づくりに関する介入研究の紹介

　コミュニケーションが困難になった認知症高齢者について，高齢者の環境への反応を根拠に，不快感・痛みがなく心地良い状態になるよう環境づくりを行った事例（事例 1），車いす上での不自然な姿勢を椅子などの選択・調整により改善した事例（事例 2）を紹介する。これらの事例を通して，生活環境に対する高齢者一人一人の反応を丁寧に観察することが重要であり，環境の調整により不快感や痛みを除去または軽減，高齢者の「できること」を見出すことができると考えられた。研究で見出された高齢者の反応や実施した具体的なケアは，認知症高齢者のケアの質

を向上させるシステムや機器の改良・開発のきっかけになると考える。

3.3.1　事例1[11]

介護老人保健施設で，日中，車いすに座って過ごす中等度認知症の女性高齢者（86歳）。車いすから不意に立ち上がるため，転倒の恐れがあることを理由に，車いすに座った状態で身体拘束が行われていた。車いすの操作はできなかった。日常生活動作の状態は，立ち上がることはできたが歩行は不安定，食事は援助者が促すと自分で食べるが，途中で中断するため介助が必要であった。排泄は時間を見計らって援助者が誘導して行っていた。

高齢者の環境づくりを目的に，感情反応と行動を根拠に環境を調整する介入研究を行った。観察は1カ月間隔で，基礎水準測定期，操作導入期，追跡期の3期に行った。なお，1期あたりの観察日は連続3日間とし，2時間ごとに5回（1回あたり10分間），ビデオカメラを使用して観察した。ビデオ映像は10秒間を1コマとするワンゼロ法を用い，分析対象とする項目が観察された場合は1，観察されなかった場合は0とした。

表3のとおり，観察結果をPEAPの次元に当てはめて援助を考えた。この事例は記憶障害や見当識障害があるために住所や家族などを問われると不安になると考えられた。また，援助者の支持なしでは立位や歩行が不安定であること，家事役割を現在は担っていないことなどを理解できず，立ち上がり動作が出現していたと推測し，表3に示す援助を行った。その結果，図1に示すとおり，操作導入期には不安・恐れの表情の出現率は減少し，喜びの表情が増加した。また，図2のとおり，家事役割に見立てた洗濯物たたみの作業などを取り入れたことで，立ち上がり動作は操作導入期には見られなくなり，座位時に姿勢の修正と考えられる身体を前や後ろに倒す行動も減少した。

本事例は，記憶障害や見当識障害などによる混乱や不安の状態にあり，その状態が他の高齢者の言動や役割のないことで増強していたと推測され，結果的に立ち上がり動作が出現していたと考えられる。援助者が危険と考える立ち上がり動作などは，身体拘束によって解決するのではなく，その動作の原因・誘因と考えられる不快感や痛み，身支度や排泄の欲求などを理解し，健康管理とともに環境づくりによって対応することが重要と考えられた。

3.3.2　事例2[12]

介護老人保健施設で，日中，車いすに座って過ごす重度認知症の女性高齢者（86歳）。日中ほとんどの時間を普通型車いすに座り，姿勢は骨盤が後ろに傾いた仙骨座り（座面上で臀部が前方にずれた状態）で右に傾くことが多かった。車いすの操作はできなかった。日常生活動作の状態は，歩行は不安定だが短い距離であれば援助者の手引きで可能であった。食事は自分で食べることはできるが，テーブルに体を近づけようと何度も体を前後に倒し，食べこぼしが多かった。排泄は時間を見計らって援助者が誘導して行っていた。

高齢者の座位姿勢の改善を目的に，普通型車いすを施設が所有するいすに替える介入研究を行った。なお，高齢者の体格に合わせて，いす座面の高さを足台で，いす座面の奥行きを背クッションで調整した。観察は1カ月間隔で，基礎水準測定期，操作導入期，追跡期の3期に行った。

表3 事例1のPEAPの次元ごとの観察結果と援助

PEAPの次元	観察結果（環境に対する高齢者の反応）	援助
見当識への支援	時計を示して伝えると時計を見る，時間を復唱する。	時間や居場所を視覚も利用して，言葉で伝える。
機能的な能力への支援	食事や清潔動作を援助者が促すと部分的に実施する。	援助者が動作の順序や方法を見せるなどして促し，本人が行う機会をつくる。
環境における刺激の質と調整	頻回に周囲にいる高齢者や援助者を見る。高齢者や援助者がかかわると嬉しそうな表情で社交辞令程度の言葉を話す。住所や家族のことを尋ねると不安そうな表情で無言になる。花の写真集は手にとるが，家族写真では不安そうな表情を示す。	援助者や高齢者が1対1または少人数でかかわる機会を作る。かかわる際には花などの小物を使い，記憶を確認する話題にならない配慮をする。
安全と安心への配慮	常に見守りやすい場所にいる。普通型車いすを使用。体が傾く，体を前後に倒す，姿勢を修正する行動がみられる。「食事の支度に帰る」の言葉や衣服を整える行動とともに立ち上がる。	車いすは移動のみとし，椅子を使用する。姿勢の修正，衣服を整える行動等では，本人の立ち上がり動作を援助者が支持して行う。
生活の継続性への支援	毎回，食事時に渡されたおしぼりを繰り返し丁寧にたたむ行動とともに「食事の支度に帰る」など言う。	エプロンやタオルをたたむなど家事に相当する行動の機会をつくる。その際に感謝の言葉を伝える。
自己選択への支援	「家に帰る」などは言うが，居場所や椅子などを自ら選択する行動は見られない。	家事に相当する行動，使用する小物，椅子などは本人の反応により選択する。
入居者とのふれあいの促進	他の高齢者がかかわると嬉しそうな表情になるが，住所や家族など記憶を確認する話題になると不安そうな表情を示す。テーブル上の小物（造花）について会話をする時は喜びの表情を示す。	他の高齢者とのふれあいの場面を作るが，その際には小物を用意し，不用意に記憶を確認する話題にならない配慮をする。

倫理的配慮から個室やトイレなどの観察は実施しなかったため，PEAP「プライバシーの確保」の次元は除外した。

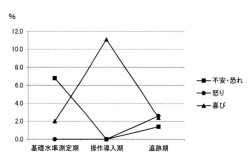

図1 感情の出現率の変化

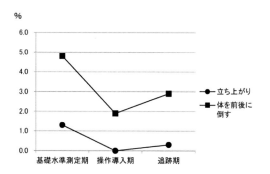

図2 行動の出現率の変化

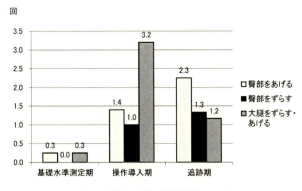

図 3　行動の平均出現回数の変化

1 期あたりの観察日は連続 2 日間とし，観察時間は起床直後 7 時から 1 時間ごとに 3 回，疲労が考えられる 17 時から 1 時間ごとに 3 回の計 6 回（1 回あたり 10 分間）とした。観察にはビデオカメラを使用し，姿勢とともに臀部や大腿部を上げるなどの姿勢修正に関連すると考えられる行動を観察した。ビデオ映像は 10 秒間を 1 コマとするワンゼロ法を用いた。

　この事例は普通型車いすでは仙骨座りで体幹が左右いずれかに傾いていたが，いすを使用した操作導入期と追跡期では姿勢が改善した。また，図 3 のとおり，「臀部を上げる」「大腿部をずらす・上げる」行動の平均回数は基礎水準測定期よりも操作導入期と追跡期で増加した，「臀部をずらす」行動は基礎水準測定期では全く観察されなかったが，操作導入期と追跡期で観察された。

　本事例は体幹を支持する能力がありながら，歩行が不安定なために普通型車いすを使用して移動し，移動先でも車いすをいすとして使用していた。普通型車いすは移動を目的に作られ，折りたたむために座面がスリングシートでできていること，フットサポートの位置は膝より前にあることなど，その素材や形状の特性から座位姿勢が保ちにくく，筋力などが低下した高齢者では姿勢を修正することも困難となる。車いすやいすは高齢者が日常的に使用する物理的環境であり，行動制限や心身の障害をおこさないように，高齢者に合った物を作る，選ぶことが重要と考えられた。

4　おわりに

　認知症高齢者の特徴などを解説し，介入事例を紹介した。認知症高齢者は自らの状態を適切に認識できず，またコミュニケーション能力も低下するために，不快感や痛み，生活全般に対する違和感などをうまく伝えることができない。そのため，援助者も高齢者の健康や生活の状態を把握することが困難になる。しかし，紹介した事例のように，言葉に加えて表情や行動を手がかりにすれば，これまで以上に認知症高齢者の健康や生活上の欲求を理解できると考えられる。さら

に，高齢者の「心地良さ」につながる環境をつくれば，感情や行動が安定するだけでなく，「できること」を引き出すことも期待できる。事例のような丁寧な観察と分析は研究だからこそ実施できたことであり，実践現場にそのまま持ち込むことは難しい。すでに，表情から疼痛を評価するシステムの開発が進められているが[13]，看護の実践的研究で得られた知見を用いて，認知症高齢者の欲求や行動の理由を理解するシステムなど，実践応用性の高い研究・開発が望まれる。また，研究者間だけでなく，高齢者施設などの実践現場で働く看護師や介護職員の「こんなものがあったらいいな」の意見と，工学分野の「こんなことができる」が一緒になれば，実践応用性の高い研究開発が促進されると考える。認知症高齢者ケアの向上に向けて，両者の意見交換の機会をつくっていきたい。

文　　献

1) 総務省統計局ホームページ http://www.stat.go.jp/data/topics/topi631.htm
2) 西村浩，老年精神医学雑誌，第 20 巻増刊号-Ⅲ，87-94 (2009)
3) KolcabaK. Y., *J. Adv. Nurs.*, **16** (11), 1301-1310 (1991)
4) 川島みどり，看護実践の科学，**28** (2)，76-79 (2003)
5) 中島紀恵子ほか，認知症高齢者の看護，p1，医歯薬出版 (2007)
6) 北川公子，統看護学講座 専門分野Ⅱ 老年看護学，277-281，医学書院 (2010)
7) 日本神経学会編，認知症疾患治療ガイドライン 2010, 医学書院 (2010)
8) 高次脳機能障害ポケットマニュアル，原寛美監修，医歯薬出版㈱ (2005)
9) 末広理恵，三重野英子，統看護学講座専門分野Ⅱ老年看護学，77-85, 医学書院 (2010)
10) 児玉桂子ほか，認知症高齢者が安心できるケア環境づくり 実践に役立つ環境評価と整備手法，彰国社 (2009)
11) 白井みどり，臼井キミカ，今川真治ほか，日本認知症ケア学会誌，**5** (3)，457-469 (2006)
12) 白井みどり，佐々木八千代，北村有香ほか，日本認知症ケア学会誌，**9** (3)，564-572 (2010)
13) 前川義量，阿部武志，秋山庸子ほか，生体医工学，**49** (6)，836-842 (2011)
14) 児玉桂子ほか，PEAP にもとづく認知症ケアのための施設環境づくり実践マニュアル，中央法規出版 (2010)

※この論文は，「月刊機能材料 2013 年 2 月号（シーエムシー出版)」に収載された内容を加筆修正したものです。

第20章　褥瘡予防寝具に求められる性能
— シープスキン寝具の検討例 —

木村裕和[*1]，山本貴則[*2]

1　はじめに

　2010年の国勢調査によれば，我が国の高齢化率は23.1％であり，すでに本格的な高齢社会を迎えている[1]。図1のグラフは，日本の将来人口推移を年齢層別に示したものである。2009年までのデータは総務省統計局の統計値を用い，2010年以降は国立社会保障・人口問題研究所の将来推計値を用いた。今後も日本の総人口は減少を続け，高齢化率は確実に増加するものと考えられる。

　2055年には15〜64歳までの人口約4600万人に対し，65歳以上の老年人口が約3650万人に達し，14歳以下の年少人口は約750万人にまで減少すると推定されている[1]。さらに，今からわずか7年後の2025年には何らかの介護が必要な高齢者は530万人に及び，寝たきりやそれに近い状態の要介護者数は230万に及ぶと考えられている[2]。

　寝たきりやそれに近い状態の高齢者に頻発する褥瘡も深刻な問題として，1990年台から話題になっている。1999年には褥瘡に特化した日本褥瘡学会が設立され，主に医学・看護学の観点から専門的な研究がなされている。一方，厚生労働省では，2002年に医療機関などに対し褥瘡対策未実施減算制度を導入し，行政面からの対策を図っている。

　医学的には，褥瘡は人体局所の持続的圧迫による虚血性の皮膚壊死である[3]。したがって，褥瘡予防の観点からは，人体局所に加わる圧迫力の持続性を遮断するか，あるいは圧力を分散するなどの方法により圧迫力を低減し，皮下微小循環（以下，組織血流量という）を確保することが重要となる。また，褥瘡は人体のごく限られた部位で発症するという特徴がある。好発部位は，仙骨部，大転子部，踵骨，坐骨結節部，肩甲骨，頭部である[4]。これらの部位には皮下脂肪などの軟部組織が少なく骨形状が比較的突起しているなどの共通点がみられる。さらに，褥瘡の発症要因には罹患者の体形，体力，栄養状態，清潔さ，浮腫なども指摘されており，体形的には「るいそう」などの痩せたタイプに罹患者が多いことが知られている[5]。

　寝たきりやそれに近い状態の高齢褥瘡罹患者には仙骨部褥瘡が圧倒的に多い。学会などにおける調査報告例によれば，褥瘡の50％程度〜80％以上が仙骨部で発症しており，寝たきりやそれに近い状態を想定すれば，仙骨部に寝具から加わる持続的圧迫力の断絶や低減化をいかにして図

＊1　Hirokazu Kimura　信州大学　学術研究院　繊維学系　教授

＊2　Takanori Yamamoto　（地独）大阪産業技術研究所　製品信頼性研究部　研究室長

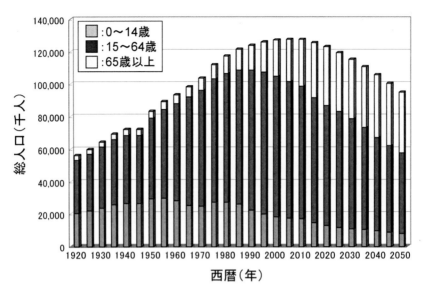

2009年までは総務省統計局統計データより作成
2010年以降は国立社会保障・人口問題研究所将来推計人口データより作成

図1　日本の人口推移

るかが重要になる。しかし，静止仰臥姿勢において寝具から人体仙骨部に加わる接触圧と組織血流量の関係について実験的に検証された例は少なく，接触圧と組織血流量との関係は必ずしも明らかにはなっていない[6]。

　一方，これまでに圧力分散性や減圧効果を謳ったマットレスや圧迫力の持続性を断絶する目的から圧力切り替え型のエアーマットレスなどが開発されている。また，褥瘡発症の危険要因レベルに応じて用いる褥瘡予防寝具の推奨基準なども提案されている[7]。さらに，我が国での利用率は必ずしも高くはないが，オーストラリアなどにおいてはシープスキンの褥瘡予防効果が知られており，医療用品認定規格も整備されている[8]。

　著者らは，これら褥瘡予防寝具類の性能評価に関する研究を進めており，圧縮特性などマットレスの物理的性質の計測方法を検討するとともに被験者実験を行い，褥瘡予防寝具に静止仰臥したときの仙骨部接触圧と組織血流量を同時に計測し，実際に仙骨部に加わる接触圧と組織血流量のデータを収集してきた[9~12]。特に，褥瘡予防寝具としてのシープスキンの効果に興味があり，これに関する実験的検討を進めている[13,14]。ここでは，シープスキンを中心に行った高齢被験者による実証実験と官能試験の結果を紹介する。

2　倫理的配慮

　被験者実験は，大阪府立産業技術総合研究所（現　大阪産業技術研究所）の「人を対象とする

研究に関する倫理ガイドライン」に基づき届出を行い，承認を得た。なお，各被験者には実験の内容に関する十分なインフォームドコンセントを行い，合意を得て実施した。

3　高齢被験者による実証実験と官能評価

試料には，図2(a)に示した一般的なマットレス（パラマウントベッド社製プレグラーマットレス KE-553，以下，汎用マットレスという），図2(b)に示した汎用マットレスにシープスキンを直接敷いたもの，図2(c)の静止型褥瘡予防ウレタンマットレス（以下，ウレタンマットレスという）および図2(d)に示したようにウレタンマットレスにシープスキンを重ね敷いたもの（以下，オーバーレイという）の4種類の寝具を用いた。

仙骨部接触圧および組織血流量の測定には，図3(a)に示したレーザードップラー接触圧・血流センサー（エイ・エム・アイテクノ社製 A0010T）を用いた。このセンサーは，図3(b)に示すようにレーザー照射・受光窓を中心に備えた直径30 mm のエアパックであり，接触圧センサー端

図2　実験試料の外観
(a)汎用マットレス，(b)シープスキン，(c)ウレタンマットレス，(d)オーバーレイ

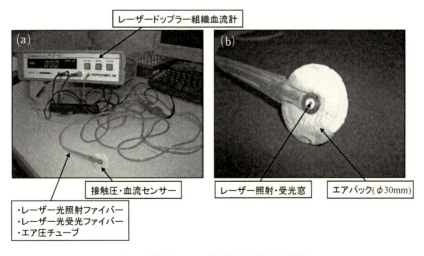

図3　接触圧および組織血流量測定装置

子は接触圧検出器（エイ・エム・アイテクノ社製 AMI3037-10）に接続し，組織血流センサー端子はレーザードップラー組織血流計（オメガウェーブ社製 OMEGA FLOW FLO-C1）に接続した。これを被験者の仙骨部に貼付し，仙骨部接触圧と組織血流量を非襲侵で同時に測定した。レーザードップラー組織血流測定法は，安全性が高く，簡便であることから広く利用されている測定方法である[15~17]。

　被験者は高齢者 16 名とした。男性被験者 8 名，女性被験者 8 名である。年齢は 60 ～ 64 歳が 1 名，65 ～ 69 歳が 9 名，70 歳代 3 名，80 歳代 3 名で，平均年齢は 71.1 歳であった。実験は，介護施設で使用されている綿 100 ％のパジャマを被験者に着用させ，試料上に仰臥姿勢で静止状態を維持させて行った。掛け布団には介護施設で利用されているポリエステル中綿のものを用いた。被験者の仙骨部にレーザードップラー接触圧・血流センサーを貼付した後，試料上で仰臥静止状態をとらせて測定を開始した。測定時間は 60 分間としたが，入床直後の被験者の体動および姿勢の落ち着きを考慮して，計測開始から 15 分間のデータならびに試験後期には多くの被験者において体動が観察されたことから計測終了前 15 分間のデータを除く，中央の 30 分間の測定値をデータとして採取した。測定は，温湿度 23 ± 3 ℃，50 ± 5 ％ RH に調整した実験室内で実施した。

　なお，実験開始前に各被験者の身体的特徴として，身長を測定した後，オムロン社製 HBF-362 を用いて，体重，Body Mass Index（BMI），体脂肪率および皮下脂肪率を計測した。被験者の身体的特徴は，性別ごとに平均値と標準偏差を求め，性別間の有意差を t 分布を利用した有意差検定により調べた。

　また，各試料から得られた被験者の仙骨部接触圧の平均値（以下，平均接触圧という）および標準偏差ならびに組織血流量の平均値（以下，平均組織血流量という）および標準偏差を全被験者および性別ごとに求めた。なお，全被験者の平均接触圧および平均組織血流量については多重比較による有意差検定を行った。

　さらに，これらの褥瘡予防寝具類を使用したときの感覚について SD 法 5 段階評価による官能試験を実施した。用いた形容語は「仙骨部の痛み」，「蒸れ感」，「柔らかさ」および「快適感」の 4 形容語であり，「ある」を 1 点，「ない」を 5 点として，各試料への入床直後と入床 60 分経過後に聞き取り調査方式で実施した。

4　高齢被験者から得られた仙骨部接触圧および組織血流量と官能評価の関係

　図 4 には得られた平均接触圧を全被験者，男性被験者，女性被験者および全被験者別に示した。全被験者の平均接触圧については有意差検定の結果を示した。また，各試料について，男性被験者，女性被験者および全被験者の標準偏差（± σ）をエラーバーで示した。汎用マットレス使用時の平均接触圧は，男性被験者が 98.1 gf/cm²，女性被験者が 62.3 gf/cm²，全被験者で 80.2 gf/cm² であり，シープスキンでは，それぞれ 73.8 gf/cm²，59.8 gf/cm²，66.8 gf/cm² であり，

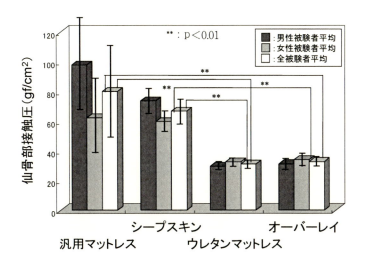

図 4　仙骨部接触圧の測定結果

汎用マットレスより低下している。体圧分散による減圧効果を謳っているウレタンマットレスでは，平均接触圧は，男性被験者が 29.7 gf/cm^2，女性被験者が 32.8 gf/cm^2，全被験者で 31.2 gf/cm^2 と大幅に低下しており，汎用マットレスに比べ，男性被験者で約 70 ％，女性被験者で約 53 ％，全被験者で約 60 ％の低減化が図られている。オーバーレイについては，男性被験者，女性被験者，全被験者の順に平均接触圧は，31.5 gf/cm^2，34.3 gf/cm^2，32.9 gf/cm^2 であり，ウレタンマットレスとほぼ同じレベルである。また，汎用マットレスの平均接触圧とウレタンマットレスおよびオーバーレイの平均接触圧との間，ならびに，シープスキンとウレタンマットレスおよびオーバーレイの平均接触圧との間に有意差が認められた（p < 0.01）。

　エラーバーで示した標準偏差に注目すると，汎用マットレスの場合，男性被験者では 30.8，女性被験者で 23.5，全被験者で 32.3 と大きく，被験者間の差が大きいことがわかる。シープスキンでは，それぞれ，18.3，15.4，17.8 であった。ウレタンマットレスでは，それぞれ，4.9，6.2，5.6 であり，オーバーレイでは，7.6，6.1，6.8 であった。したがって，汎用マットレスやシープスキンを使用した場合には，仙骨部接触圧には被験者間差が顕著に現れるが，ウレタンマットレスやオーバーレイにおいては，すべての被験者が仙骨部に受ける接触圧に大きな差はなく，被験者間差が小さくなっていることがわかる。

　図 5 には得られた平均組織血流量を，男性被験者，女性被験者および全被験者別に示した。また，各試料の標準偏差（± σ）をエラーバーで示した。有意差検定の結果からは有意に増加しているとはいえないものの，男性被験者，女性被験者，全被験者ともに平均組織血流量は，汎用マットレス，ウレタンマットレス，シープスキン，オーバーレイの順に多くなる傾向がみられる。また，シープスキンを除き，平均組織血流量は女性被験者の方が男性被験者よりも多い。な

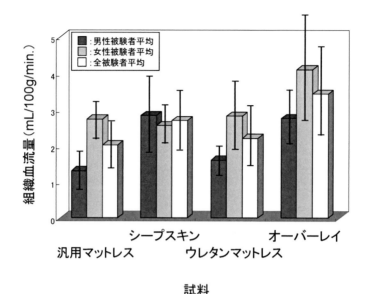

図5　仙骨部組織血流量の測定結果

お，平均接触圧はウレタンマットレスの方がシープスキンよりも低かったが，組織血流量はシープスキンの方が多い。したがって，単純に接触圧の低減化を図るだけでは組織血流の増加は図れないものといえる。さらに，シープスキンおよびオーバーレイでは，ウレタンマットレスを使用したときの組織血流量に比べ，男性被験者では8名中7名が，女性被験者では8名中5名において組織血流量の増加が認められた。特に，オーバーレイの場合には，多くの被験者において組織血流量は著しく増加していた。先行研究においても，これと同様の結果が得られており，シープスキンとウレタンマットレスのような静止型の褥瘡予防寝具を併用した場合に組織血流量が増加することが実験的に確認されている[13,14]。この原因としては，シープスキンの使用による被験者の肩甲骨部付近から両脚膝部付近にかけての寝具の硬度変化や厚みの変化によって生じる被験者全身のアライメント変化[9]やシープスキンを構成する羊毛繊維の影響，すなわち，羊毛繊維の保温性や皮膚との相互作用などが考えられる[13]。この点については，今後さらに検討を進めたい。標準偏差は，汎用マットレスでは，男性被験者が0.98，女性被験者が1.0，全被験者が1.2であった。シープスキンではそれぞれ，1.9，1.1，1.5であり，ウレタンマットレスではそれぞれ，0.81，1.8および1.5であった。オーバーレイでは，1.3，2.8および2.2であった。図5にエラーバーで示したように組織血流量の多い試料において標準偏差が大きく，被験者間相違がみられる。これは仙骨部接触圧とは明らかに逆の傾向である。

　なお，入床直後と入床60分経過後の官能試験の結果からは，すべての試料において仙骨部に痛みを覚えるものはなく，ほとんど苦痛は感じていないと判断できた。蒸れ感については，汎用マットレスでは変化はなかった。シープスキン，ウレタンマットレスおよびオーバーレイで入床

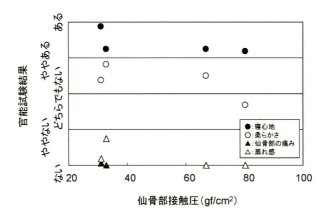

図6　仙骨部接触圧と入床60分経過後の官能評価（平均値）

60分経過後に蒸れ感が上昇したが，評価値の増加はオーバーレイで大きいことがわかった。これはシープスキンによる保温性とウレタンマットレスの密着性の相互作用により生じたものと推察される。柔らかさについては，汎用マットレスでは変化はなかったが，シープスキン，ウレタンマットレスおよびオーバーレイでは入床直後より入床60分経過後の方が硬いと感じる傾向がみられた。特に，入床直後にかなり柔らかいと感じていたウレタンマットレスおよびオーバーレイにおいて感覚の変化量が大きいことがわかった。これは，60分間の静止仰臥姿勢の継続により当初の柔らかいという感覚が鈍化したためであると考えられる。寝心地については，すべての試料で変化がみられた。寝心地は，ウレタンマットレスを除き，やや低下する傾向がみられた。柔らかさと寝心地において第一印象に変化が生じやすいことが判明した。

　図6には，入床60分経過後の平均接触圧をよこ軸に，官能試験に用いた4形容語の平均値をたて軸に示した。これをみると接触圧の小さい試料において明確に柔らかいと感じていることがわかる。また，平均接触圧が80.2 gf/cm^{2}の汎用マットレスと66.8 gf/cm^{2}のシープスキンの間で評価点の開きが大きく，シープスキンと接触圧が31.2 gf/cm^{2}および34.3 gf/cm^{2}のウレタンマットレスとオーバーレイとの間の評価点には大きな差はみられない。試料数が少なく，断言はできないが，人は接触圧が一定の値を超えたところから寝具に対して硬さを感じる可能性がある。図7には，入床60分経過後の平均組織血流量と官能試験に用いた4形容語の平均値の関係を示した。ここでも柔らかさに対する感覚と平均組織血流量とに関連性がみられる。すなわち，柔らかいと感じている試料ほど仙骨部の組織血流量が多い傾向にある。今回の官能試験結果をみる限りでは，柔らかいと感じる寝具ほど，仙骨部も接触圧が小さく，組織血流量の多い傾向にあるといえる。

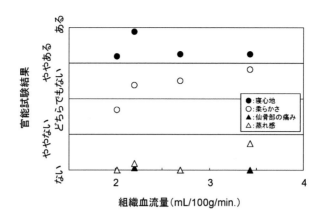

図7　組織血流量と入床 60 分経過後の官能評価（平均値）

表1　高齢被験者の身体的特徴

	年齢（歳）	身長（cm）	体重（kgf）	BMI	体脂肪率（%）	皮下脂肪率（%）
男性平均	74.0	161.9	56.4	21.5	25.0	16.8
女性平均	68.3	152.8	58.7	25.2	35.4	30.2
全平均	71.1	157.3	57.5	23.3	30.2	23.5
男女間有意差	−	＊＊	−	−	＊	＊

＊＊：$p < 0.01$，　＊：$p < 0.05$

5　高齢被験者の身体的特徴と仙骨部接触圧および組織血流量との関係

　表1には，被験者の身体的特徴の平均値および性別間の有意差を示した。身長，体脂肪率および皮下脂肪率で性別による有意差があり，身長は男性の方が女性より有意に高く（$p < 0.01$），体脂肪率ならびに皮下脂肪率は女性の方が男性より有意に高い（$p < 0.05$）。

　図8には，全被験者の体重と仙骨部接触圧の関係を性別ならびに試料別に示した。なお，図に示した直線と数値は汎用マットレス使用時のデータから最小二乗法により求めた回帰直線と相関係数である。全体的にデータのバラツキが大きく体重と仙骨部接触圧には関連性は認められないが，●記号で示した汎用マットレス使用時の男性被験者の接触圧が高い傾向にある。また，体重の軽い被験者ほど仙骨部の接触圧は高い傾向がみられる。直観的には体重の重い被験者ほど接触圧は高いと思われるが，実測値からは逆の結果が得られている。これは，体重の軽い被験者ほど皮下軟部組織量が少ないため，仙骨の形状による応力集中が強くなることが原因であると考えられる。図9には全被験者の体重と組織血流量の関係を性別ならびに試料別に示したが，両者の関係性は認められない。

　図10には皮下脂肪率と仙骨部接触圧の関係を示した。図に示した直線と数値は図8と同様に汎用マットレス使用時のデータから求めた回帰直線と相関係数である。体重では明確に現れな

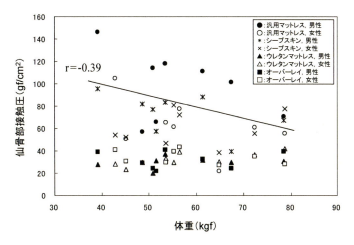

図 8　体重と仙骨部接触圧の関係

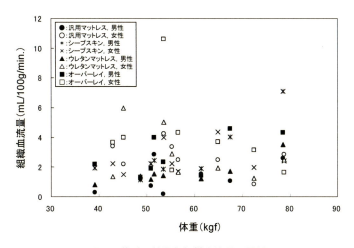

図 9　体重と仙骨部組織血流量の関係

かったが，汎用マットレス使用時における皮下脂肪率と仙骨部接触圧との間には－0.71 の相関係数が得られ，相関性が認められる。また，図に点線の楕円で囲んだようにウレタンマットレスおよびオーバーレイにおける仙骨部接触圧は皮下脂肪率にかかわらず，$20\,\mathrm{gf/cm^2}$ から $40\,\mathrm{gf/cm^2}$ の比較的狭い範囲に分布している。この結果から汎用マットレスを使用した場合には，皮下脂肪率が低い被験者ほど大きな接触圧を受けていることがわかる。また，二点破線の円で囲んだように皮下脂肪率が 10 ％台の 2 名の被験者においては，ウレタンマットレスの使用やオーバーレイにより仙骨部接触圧が約 80 ％も低下していることがわかった。したがって，組織脂肪量などの軟部組織の少ない被験者ほど褥瘡予防寝具による減圧効果が顕著に発現することになる。なお，女性被験者のデータは皮下脂肪率 22 ％から右側に，男性被験者のデータは左側に分布し，明確に分かれている。このことからも女性被験者の方が男性被験者より有意に皮下脂肪率が高いこと

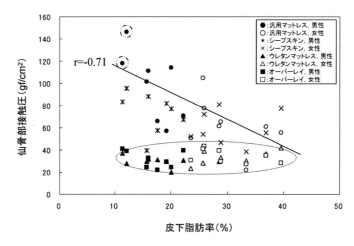

図 10　皮下脂肪率と仙骨部接触圧の関係

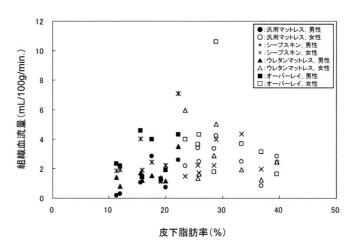

図 11　皮下脂肪率と仙骨部組織血流量の関係

がわかる。図 11 には，皮下脂肪率と組織血流量の関係を示した。全体にバラツキがみられるが，詳細に検討を行ったところ男性被験者と女性被験者とで傾向が異なっていることがわかった。図 12 には男性被験者のみの結果を示した。図に示した直線と数値は汎用マットレス使用時の回帰直線と相関係数である。相関係数は 0.65 であり，汎用マットレス使用時においては皮下脂肪率の低い被験者ほど組織血流量は少ない傾向がみられる。また，図に点線の円で囲んだようにオーバーレイあるいはシープスキンの利用により大幅に組織血流量の増加する被験者が観察された。特に，皮下脂肪率が 10 ％台の 2 名の被験者にあっては，汎用マットレス使用時には組織血流量が 0.2 ml/min./100 g および 0.3 ml/min./100 g と極めて少なかったが，オーバーレイによってそれぞれ 2.3 ml/min./100 g および 2.5 ml/min./100 g を記録していた。これは約 8 〜 10 倍もの増加である。以上の結果から汎用マットレス使用時においては，皮下脂肪率の低い被験者ほど大き

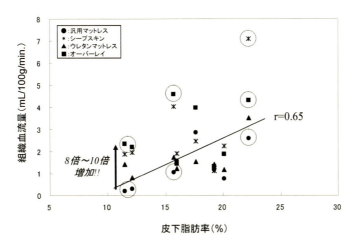

図12　男性被験者における皮下脂肪率と仙骨部組織血流量の関係

な圧迫力を寝具から仙骨部に受けており，この強い圧迫力により皮下微小循環系が圧迫され，組織血流量が低下しているものと考えられた[14]。体形的には，褥瘡発症にとって脂肪組織量が貧弱な「るいそう」も大きな危険因子の一つであるが，本実験的検討結果から，この事実を説明できるものと考えられる[5]。

　結論として，仙骨部接触圧の低減化を目的にウレタンマットレスやオーバーレイのような軟らかい寝具を使用することは皮下脂肪率の低い男性被験者において大きな効果が期待でき，組織血流量の確保の観点からはウレタンマットレスとシープスキンの併用が有効であると考えられた。

6　おわりに

　ここでは，シープスキンの検討結果を紹介したが，寝装内気候の測定や圧力切り換え型エアーマットレスの効果に関する実験的検討も実施している[9]。機会があれば別途報告したい。また，体脂肪率と仙骨部接触圧および組織血流量との関係については省略したが，体脂肪率による検討結果は皮下脂肪率による分析結果と本質的に同じであった[14]。

謝辞
　本実験を進めるにあたり，高齢被験者の手配をして頂いた和泉市シルバー人材派遣センターの関係各位ならびに被験者実験に快くご協力くださいました和泉市シルバー人材派遣センター登録者の皆様に心より感謝申し上げます。

文　　献

1）内閣府，高齢化の状況平成 23 年度高齢社会白書，2，印刷通販（2011）
2）鈴木東義，日本繊維機械学会誌，**54**，277（2001）
3）宮地良樹（編），石川治，褥瘡の基礎知識実地医家のための褥瘡ケアハンドブック，6，医薬ジャーナル（2001）
4）長谷田泰男ほか，日本褥瘡学会誌，**11**，549（2009）
5）村木良一，褥瘡の基礎知識在宅褥瘡対応マニュアル，11，日本医事新報（2003）
6）大浦武彦，褥瘡のケア・治療はこう進める褥瘡のトータルケア，32，メディカルトリビューン（2003）
7）大浦武彦ほか，日本褥瘡学会誌，**7**，761（2005）
8）Australian Standard TM AS4480.1（1998）
9）木村裕和ほか，大阪府立産業技術総合研究所報告，**19**，33（2005）
10）Y. Akiyama *et al., J. Med. and Bio.*，**8**，33（2008）
11）山本洋志郎ほか，生体医工学，**45**，489（2009）
12）木村裕和ほか，大阪府立産業技術研究所報告，**23**，53（2009）
13）木村裕和ほか，*J. Textile Engineering*，**55**，61（2009）
14）木村裕和ほか，日本生理人類学会誌，**17**，125（2012）
15）山田哲也ほか，日本脈管学会誌，**45**，312（2005）
16）菅屋潤壹ほか，日本臨牀，**50**，723（1992）
17）鹿嶋進ほか，日本生理人類学会誌，**2**，103（1997）

※この論文は，「月刊機能材料 2013 年 2 月号（シーエムシー出版)」に収載された内容を加筆修正したものです。

第21章 看工融合領域におけるロボットによる 心地良さへの試み

山田憲嗣*1, 武田真季*2, 大野ゆう子*3

1 はじめに

　医工連携による研究開発が進み，多くの革新的医療機器，医療技術が普及してきている。日本政府においては，内閣官房医療イノベーション室から2012年6月「医療イノベーション5か年計画」が発表された[1]。すでに訪れている超高齢化社会に対応した国民が安心して利用できる医療環境の整備，医療関連市場活性化を目的として日本発の医療機器および医療技術を海外市場へ展開する事業や医療周辺サービスを展開する事業の推進が明記され，我が国の経済成長の実現を挙げている。そのような中で，7月に発表された日本再生戦略（2012年7月31日閣議決定）では，将来の我が国の成長産業として医療機器産業は重要な位置づけを占めることを期待され，重点分野の一つに挙げられている[2]。国民に世界最高水準の医療を提供し続けるために革新的医療機器・介護機器を世界に先駆けて創出することが期待されている。具体的な重点施策としては，我が国が有するロボット技術を活用して，介護・福祉現場などにおける負担軽減，効率化，介護サービスを促進し，先端的な医療機器，福祉機器の開発を行い，我が国の新産業創出／医療・介護など周辺サービスの拡大を目指している。将来的には，これらの日本の先進的な医療・介護現場での取り組みを進め，新たな医療・介護システムの構築を行い，積極的に日本の医療を世界に発信することを掲げている。特に，高齢化に対応した先進的な事例は，世界に先駆けて高齢化社会が到来している我が国でしか実証することができないため，広く世界から評価される可能性を秘めており，医療サービスと医療機器が一体となった海外展開や医療・介護システムをパッケージとした海外展開など医療産業の市場を広く海外に展開し，大きな成長が期待されている。

　医療や介護が工学と連携した医工学や福祉工学の分野が近年増加し，先端的な医療機器や福祉機器が開発される一方で，患者さんやその家族および医師に一番近い存在としての看護師・保健師と工学との連携はほとんど行われていなかった。臨床看護・保健学の問題を工学的理論や方法・技術により解決するには，基本的な工学理論・技術の理解が必要であり，実際に看護・介護する人と工学系研究者との交流が重要である。しかしながら，看護師は日々の業務に追われて，

＊1　Kenji Yamada　大阪大学　大学院医学系研究科　バイオデザイン学共同研究講座　特任教授

＊2　Maki Takeda　大阪大学　大学院医学系研究科　外科学講座　心臓血管外科

＊3　Yuko Ohno　大阪大学　大学院医学系研究科　保健学専攻　教授

工学者との交流の機会を持つことは少なかった。また，工学者も研究のシーズに対する出口としての看護領域への展開を認識していることが少ない状況であったといえる。

　本稿では，近年着目されている看工融合領域について触れ，看護業務サポートの一例として，ロボットによる洗髪業務による看護と工学の連携についてご紹介した後，ロボットによる心地良さの評価について述べる。

2　看工融合領域

　看護と工学の連携・融合を目指して，2010年4月日本で初めて看護と工学が連携する講座として大阪大学大学院医学系研究科保健学専攻にロボティクス＆デザイン看工融合（Panasonic）共同研究講座が開設された。同年10月には東京大学大学院医学系研究科健康科学・看護学専攻にライフサポート技術開発学（モルテン）寄附講座が設置された。これらの講座の開講にあわせるように，看護系の学会誌や商業誌で，看護と工学・情報などの理工系との看工連携に関する特集号が掲載されている。工学系では，総合大会やシンポジウムにおいて看護と工学の連携に関するセッションが開催されるなど看護と工学について考える機会が増えてきている。また，研究領域においてもが文部科学省・日本学術振興会科学研究費補助金における分科・細目のキーワードに「看護工学」が採用されることになり，看護と工学の連携分野についての研究を推進する体制が整いつつある。基盤研究として確固たる学問領域である理工学，特に医用理工学・生体工学と看護学・保健学との関わりをケアに関する学術的進展を主眼においた学際的な取り組みを強化する[3]ため，東京大学の真田弘美教授，土肥健純名誉教授のお声掛けにより「看護理工学会」の設立に向けた準備が進められている。本学会などのような活動を通して，看護学・医学と理学・工学との連携に携わる研究者だけでなく，看工連携に関わる医師，看護師，保健師，理学療法士など現場で従事している関係者や機器開発に従事する企業研究者および開発者など領域横断的なネットワークが形成され，ケア・予防・治療に関する学術的な基盤の構築をすることが可能となり，今までは確立できなかった医療システムを構築できれば，国民の日常生活における健康・生活の質を大きく向上させることができる。看護だけでなく，保健，介護，福祉など幅広く人間，社会活動など生活全般における多くの課題を解決するためには，看護領域と工学領域が融合し，臨床現場において役立つモノづくりを実践していくことである。

　人材育成についても忘れてはならない。保健看護学における基礎的課題について工学的視点をとりいれて研究するだけではなく，学生や現場のスタッフが，その研究に関わる過程において必要となる学習課題についても検討することである。本分野の基盤となる人材育成を図るとともに，その成果を臨床看護ケア技術として飛躍的に進展させることを視野にいれ研究を進めることができるようになる。これらの研究を進めることにより保健看護学と工学の連携が学問的にも進展し，それぞれのバックグラウンドを持つ学生が共同研究できるプラットフォームを構成する必要がある。本分野を学んだ人材が構築された成果が新たな臨床看護技術に結びつくことはわが国

だけでなく世界の看護レベル向上にも寄与するものであり，国際的にも多様な情報を発信できるものと期待される。本分野における教育方法論は，わが国の保健看護学領域に新たな分野を開拓するものであり大きな貢献が期待される。

3　看工融合領域とロボット

看護業務を工学技術でサポートするには，まず看護業務を解析し，工学でサポートできるところを見つけ出すことから始まる[4]。つまり，看護師本来の業務である患者さんとのコミュニケーションを少しでも多く時間がとれるように，看護業務の中で自動化できるところは工学技術を利用してサポートすることを目指す。その際，看護師の身体的負担も軽減できることも視野に解析を行う必要がある。ここでは，看護師の身体的負担を軽減するために開発した洗髪ロボットをご紹介するとともに，ロボットを利用することで得られる心地良さについて評価するポイントについて検討した研究について述べる。

3.1　洗髪ロボット

洗髪業務は看護業務において腰部に負担がかかる作業として挙げられる。洗髪作業は，おむつ交換や体位変換などの作業同様に長時間同じ姿勢を保たなければならないために断続的腰痛を引き起こす。しかし厚生労働省の介護作業者の腰痛予防対策には，ものや人を持ち上げる動作によって引き起こされる腰痛である瞬間的腰痛の対策は記載されているが，断続的腰痛に関する対策については示されていない。そこで，洗髪業務をロボット技術でサポートする試みを行っている。図1に洗髪ロボットの外観写真を示す。患者さんにとっては，洗髪は毎日行ってもらいたいことではあるが，スタッフ数や業務の関係で，一般には週2回程度行われているに過ぎない。洗

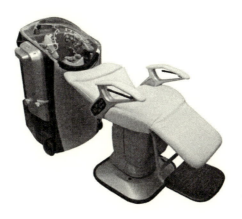

図1　洗髪（ヘアケア）ロボット
Panasonic 社ホームページより

髪ロボットは，看護師の負担を軽減するだけでなく，患者さんの QOL 向上へ役立つと期待されている。

3.2 心地よさを評価するポイントについて（洗浄効果に着目）

洗髪は，頭皮・頭髪の清潔を保持するとともに，頭皮刺激による血行促進効果や頭皮機能の向上，精神的活性など様々な効果が期待されている。洗髪ができない状態が長く続くと，落屑やべたつき，掻痒感などの不快感が増すようになる。そのため，セルフケア機能が障害された患者に，洗髪援助を行うことは欠かせない看護業務の一つである。しかし，洗髪援助は患者・看護師ともに負担が大きく，実施回数が限られているのが現状である。限られた洗髪援助の中で，より効果的な洗髪を行うために，洗髪方法や洗髪器具の検討を行う必要がある。我々はこれまでに洗髪による洗浄効果を評価する指標として，ATP 法を用いて頭部の汚れを測定し，洗髪前後の変化量をみることによって洗浄度の検討を行ってきた[5,6]。この洗浄効果は心地良さを評価するポイントの一つとして考えることができる。洗髪前後の頭皮の ATP 値の変化を図 2 に，頭髪のATP の変化を図 3 に示す。対象は健常男性 4 名（平均年齢 28.3 ± 6.34 歳）とした。洗髪は，洗

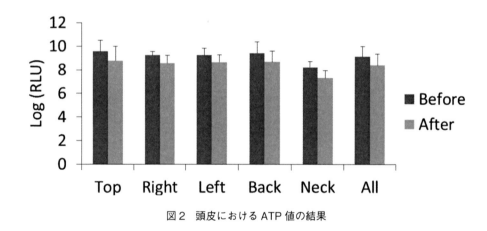

図 2　頭皮における ATP 値の結果

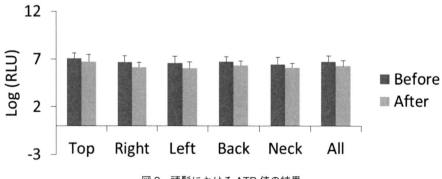

図 3　頭髪における ATP 値の結果

髪技術を習得しているものとして，臨床経験のある看護師により行われた。洗髪する際には洗髪台を使用した。洗髪椅子はリクライニングを倒してフラットな状態で洗髪を行った。シャンプー剤の量は 10 ml とし，洗髪所要時間は，すすぎ 1 分，洗い 2 分，すすぎ 1 分 30 秒とした。ATP 測定には，ATP + AMP ふき取り検査キット（キッコーマンバイオケミファ㈱製）を用いた。測定は，洗髪前と洗髪後ドライヤーで整髪した後の 2 回行った。頭頂部・左側頭部・右側頭部・後頭部の計 4 箇所の頭皮と頭髪を測定部位とした。ルシパック Pen を水道水で湿らせ，各測定部位を 50 mm 往復 120 ± 20 g の圧で 10 回擦過し，ルミテスター PD-20 で測定した。全部位合わせた洗髪前の頭皮の ATP 値は（1.94 ± 2.51）× 104 RLU，洗髪後は（5.76 ± 6.70）× 103 RLU，洗髪前の頭髪の ATP 値は（1.14 ± 0.629）× 103 RLU，洗髪後は（6.75 ± 4.90）× 102 RLU であった。洗髪前の ATP 値において，頭皮，頭髪ともに部位による有意な差はみられなかった。洗髪後の ATP 値は，洗髪前と比較して，頭皮，頭髪ともにすべての部位で減少した。しかし，前後で有意差がみられたものは，右側頭部の頭皮と全部位合わせた頭皮のみであった。洗髪前，洗髪後ともに頭皮の ATP 値は，頭髪の ATP 値より有意に高かった。ATP 値は，各部位ごとの平均値と全部位を合わせた平均値をデータとした。洗髪前後の有意差については，対応のある t 検定を行い，有意水準は 5 ％以下とした。洗浄度として次式を定義した。

$$洗浄度（\%）= \frac{（洗髪前 \text{ ATP } 値）-（洗髪後の \text{ ATP } 値）}{洗髪前の \text{ ATP } 値} \times 100$$

　ただし，洗髪前の ATP 値を 1 としたとき，洗髪によって減少した ATP の割合を示すこととした。洗浄度の結果を図 4 に示す。全部位合わせた頭皮の洗浄度は 64.6 ± 15.4 ％，頭髪の洗浄度は 36.6 ± 31.6 ％であった。本実験で使用した機器は，手指の衛生管理基準値として，手洗い

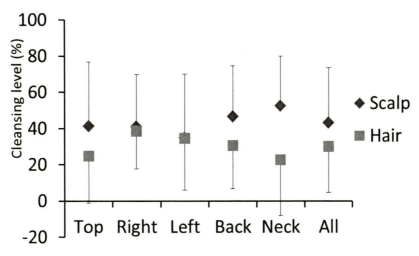

図 4　洗浄度の評価

後 1000 RLU 以下を推奨している。この基準を採用すると，洗髪後の頭髪では頭頂部以外の部位では条件を満たすが，頭皮はすべての部位で条件を満たさない。手指と頭部では存在する常在菌の種類や量，皮脂分泌量，環境など様々な点で異なるため，頭部に適した基準値を設定する必要はある。本実験では，洗髪前の ATP 値は頭皮，頭髪ともに個人差が大きく，被験者間で最大 8 倍もの差があった。部位や洗髪前後での有意差があまり得られなかった一因であるとも考えられる。また，頭皮の ATP 値が高いものは，頭髪の ATP 値も高く，ATP 値には個人の特性が強く影響することが考えられる。部位別の洗髪前の ATP 値と洗浄度を比較すると，洗髪前の ATP 値が高いほど洗浄度が高くなる傾向があるといえる。洗髪における頭皮，頭髪の ATP 値のいくつかの特徴がみられ，また洗髪による頭皮，頭髪の ATP 値の減少が見られたことより，心地良さを評価するポイントの一つとして，洗浄効果の評価である ATP 法が使用できる可能性が示唆されたといえる。

4　おわりに

　看工融合領域におけるロボットによる心地良さについて，看護業務において看護師の負担が大きい洗髪業務についての検討結果をご紹介した。洗髪業務における心地良さの一つの指標として，ATP 法を用いた洗髪の洗浄効果評価について述べた。洗髪の洗浄効果を洗髪前後の ATP 値の変化として客観的な指標で表すことができ，ロボットを利用した心地良さの評価の一手法として使用できる可能性が示唆された。地道ではあるが看護領域と工学領域が融合し，臨床現場において役立つモノづくりを実践していくことで，少しでも医療介護の現場で従事している医療スタッフの負担が軽減されることを期待する。

文　　　献

1)　医療イノベーション 5 か年戦略，内閣官房医療イノベーション室（2012）
2)　日本再生戦略，内閣閣議決定（2012）
3)　看護理工学会設立趣意書，看護理工学会キックオフシンポジウム（2012）
4)　山田ほか，生体医工学，**48**，6，517-522（2010）
5)　武田ほか，洗髪による洗浄効果の検討，第 51 回日本生体医工学会大会，O3-078-4（2012）
6)　安藤ほか，洗髪ロボットの洗浄性の評価，第 51 回日本生体医工学会大会，OS2-03-2（2012）

※この論文は，「月刊機能材料 2013 年 2 月号（シーエムシー出版）」に収載された内容を加筆修正したものです。

感覚重視型技術の最前線
―心地良さと意外性を生み出す技術―

2018 年 3 月 13 日　第 1 刷発行

監　　修	秋山庸子	(T1072)
発 行 者	辻　賢司	
発 行 所	株式会社シーエムシー出版	
	東京都千代田区神田錦町 1 - 17 - 1	
	電話 03(3293)7066	
	大阪市中央区内平野町 1 - 3 - 12	
	電話 06(4794)8234	
	http://www.cmcbooks.co.jp/	
編集担当	深澤郁恵／仲田祐子	

〔印刷　倉敷印刷株式会社〕　　　　　　　　　　　Ⓒ Y. Akiyama, 2018

ISBN978-4-7813-1322-1　C3058　¥72000E